牦牛、藏系绵羊
疾病防治技术

主 编　王树全　罗福成

西南交通大学出版社
·成 都·

图书在版编目（ＣＩＰ）数据

牦牛、藏系绵羊疾病防治技术 / 王树全，罗福成主编. —成都：西南交通大学出版社，2021.7
ISBN 978-7-5643-8107-3

Ⅰ. ①牦… Ⅱ. ①王… ②罗… Ⅲ. ①牦牛 – 牛病 – 防治②绵羊 – 羊病 – 防治 Ⅳ. ①S858.23②S858.26

中国版本图书馆 CIP 数据核字（2021）第 135469 号

Maoniu、Zangxi Mianyang Jibing Fangzhi Jishu

牦牛、藏系绵羊疾病防治技术

主　编／王树全　罗福成

责任编辑／牛　君
封面设计／何东琳设计工作室

西南交通大学出版社出版发行

（四川省成都市金牛区二环路北一段 111 号西南交通大学创新大厦 21 楼　610031）
发行部电话：028-87600564　　028-87600533
网址：http://www.xnjdcbs.com
印刷：四川煤田地质制图印刷厂

成品尺寸　185 mm×260 mm
印张　7.5　字数　159 千
版次　2021 年 7 月第 1 版　印次　2021 年 7 月第 1 次

书号　ISBN 978-7-5643-8107-3
定价　26.00 元

"牦牛、藏系绵羊疾病防治"是牧区畜牧兽医人员及学员必须学习的一门专业课，其内容是根据牧区牦牛、藏系绵羊的生产特点、饲养管理、疾病防控等方面安排的。本课程的主要任务是使基层畜牧兽医人员和学员掌握牦牛、藏系绵羊疾病个体防治和群体防治的基本知识及技能，从而有效地控制牦牛、绵羊疾病的发生，降低养殖业生产过程中的经济损失，保证养殖业的健康发展。

牦牛、藏系绵羊发生疾病，会给牧民造成巨大的经济损失。某些疾病还会污染环境，损害人类健康。因此，作为养殖业的从业人员，不但要有丰富的饲养管理技术，还要有一定的疾病防治知识和技术，充分认识到不合理的饲养管理引发疾病的严重性，病后不按动物防疫法规定进行正确处理的后果——造成牧区人畜共患病逐渐上升的趋势。只有在养殖生产中做到积极预防疾病的发生和病后按照动物防疫法的规定治疗处理病畜，才能有效地控制疾病在养殖生产中造成的损失。

本课程的学习，要理论联系实际，正确认识外环境因素、饲养管理因素、病因、药物和机体的关系。同时，要以畜禽解剖生理学、动物微生物及其检验技术、药理学、诊疗技术、畜禽营养与饲养等课程为基础，加强实践技能训练，努力培养分析问题和解决实际问题的能力，以便更好地为养殖业生产服务。

编 者

2021 年 3 月

· 目　录

上 篇　基础知识

第一章 牦牛、藏系绵羊常见传染病

第一节 传染病的基础知识

一、传染病的概念

由特定的病原微生物引起，具有一定的潜伏期和典型临床症状，并具有传染性的疾病称为传染病。

二、传染病流行的条件

传染病的流行必须具备传染来源、传播途径和易感动物三个基本条件。

（一）传染来源

传染来源是指被感染的动物，包括病畜和带菌（毒）者。因为病原微生物在被感染动物体内生存、繁殖，并不断地排出体外，感染健康动物。

1. 病　畜

多数患传染病的病畜，在发病期排出的病原微生物数量大、毒力强、传染性大，是主要的传染来源。

2. 带菌（毒）者

带菌（毒）者是指临床上没有任何症状，病原微生物能在体内生长、繁殖，并向体外排出的动物。一般有以下三种类型：潜伏期带菌（毒）、病愈后带菌（毒）、健康动物带菌（毒）。

（二）传播途径

病原微生物经一定的方式侵入易感动物所行经的途径，称为传播途径。传播途径可分直接接触传染和间接接触传染两种：

1. 直接接触传染

在没有外界因素参加的情况下，由病畜与健康家畜直接接触而引起的传染。

2. 间接接触传染

有外界因素参加。病原体通过媒介物（饲料、饮水、空气、土壤、用具、活的传递者等），间接使健康动物发病的传染。

（1）经饲料、饮水传播　以消化道为侵入门户的传染病。

（2）经污染的土壤传播　病畜的排泄物或尸体内的病原微生物能在土壤中生长生存，并经土壤传给其他家畜。

（3）经空气传播　主要通过飞沫和尘埃两种途径。一般患呼吸道传染病的病畜，当咳嗽、喷嚏时，病原体随飞沫散播于空气中，被健畜吸入后则可发生传染。

（4）经污染的用具传播　被病原体污染的用具未经消毒而用于健畜时，常可引起传染。

（5）经活的传递者传播　活的传递者包括昆虫（蚊、蝇、蜱）、啮齿类动物（鼠）、对该病无感受性的动物等。

（6）工作人员　工作人员没有严格遵守和执行兽医卫生制度，可能成为家畜传染病的传播者。

（三）易感动物

易感动物是指对该病原微生物有感受性的动物。

三、传染病的发展阶段

1. 潜伏期

从病原微生物侵入动物机体到出现疾病的最初症状为止，这个阶段称为潜伏期。潜伏期的长短受以下因素影响。

（1）病原微生物侵入机体的数量越多，毒力越强，则潜伏期越短；反之则越长。

（2）动物机体抵抗力越强，则潜伏期越长；反之则越短。

（3）病原微生物侵入机体的部位越靠近中枢神经系统，则潜伏期越短。

2. 前驱期

前驱期为疾病的前兆阶段。病畜表现出体温升高，精神沉郁，食欲减退，呼吸增数，脉搏加快，生产性能降低等一般临床症状。

3. 明显期

明显期为疾病充分发展阶段，病畜表现出某种传染病的典型临床症状，具有诊断意义的特征性症状。

4. 转归期

转归期为疾病发展的最后阶段。如果疾病经过良好治疗，病畜可恢复健康。在不良转归情况下，病畜以死亡告终。

四、传染病流行过程的表现形式

1. 散发性

发病家畜数量不多，在较长时间内只有零星病例发生。

2. 地方流行性

常局限于一定的地区内发生的传染病称为地方流行性。

3. 流行性

发病数量比较多，在短时间内传播到全乡、县，甚至省。

4. 大流行性

当某一种传染病在一定时间内迅速传播，波及全国各地，甚至超出国界时，称大流行。

五、影响传染病流行过程的因素

1. 自然因素

自然因素十分复杂，其中对流行过程影响最明显的是气候因素和地理因素，如夏秋季节吸血昆虫多，易发生由吸血昆虫传播的传染病；冬季易发生病毒性疾病。

2. 社会因素

影响流行过程的社会因素，取决于农牧民的生活习惯、宗教信仰、居住条件及对牛羊病的认识和重视程度。

3. 饲养管理

包括饲养管理制度、营养水平以及畜舍建设等，都可成为影响疾病发生和流行的因素。

六、传染病的诊断方法

1. 临床诊断

临床诊断是最基本的诊断方法。利用视、触、叩、听、问、嗅等方法对病畜进行全面检查，收集症状、分析病因，对疾病做出初步确诊。

2. 流行病学诊断

主要包括：流行病学调查、流行病学分析的基础上进行的诊断。

3. 病理学诊断

发现典型病理变化，验证临床诊断结果，对部分疾病即可确诊。

4. 病原学诊断

运用兽医微生物学的方法检查病原体的诊断方法。

5. 免疫学诊断

通过抗体检测对疾病进行判定的诊断方法。

七、传染病的防治措施

（一）传染病的预防措施

1. 加强饲养管理

建立和健全合理的牛羊饲养管理制度，包括给牛羊营造舒适的生活环境，给予优质的饲料、牧草及饮水，减少各种应激等。

2. 加强兽医监督

兽医监督是防止牛羊传染病由外地侵入的根本措施。包括国境检疫、国内检疫、市场检疫、屠宰检查。

3. 做好兽医卫生工作

做好经常性的消毒、杀虫、灭鼠、驱虫工作，对病死牛羊必须深埋或焚烧。

4. 定期检疫

对健康牛羊每年都要定期检疫，对新购入的牛羊必须隔离检疫，观察一个月，确定健康无病方可并入原有健康畜群。

5. 做好预防接种

根据牛羊传染病在本地区以往发生与流行情况，结合当地具体条件，制订出比较合理的防疫计划，并实施。

（二）传染病的扑灭措施

1. 疫情报告

及时发现、诊断和向业务部门上报疫情，并通知邻近单位做好预防工作。

2. 病畜隔离

迅速隔离病畜，对污染地进行紧急消毒。

3. 封锁疫区

对疫区要执行封锁，应根据"早、快、严、小"的原则，即报告疫情要早，行动要快，封锁消毒要严，把疾病控制在最小范围内，这是我国多年实践总结出来的经验。

4. 解除封锁

当疫区内最后一头病畜扑杀或痊愈后，经过 15 d 以上的检测、观察，再未出现类似病畜时，经彻底消毒处理，由县级以上农牧部门检查合格后，经原发布封锁令的政府部门发布解除封锁令。

（三）治疗措施

1. 特异疗法

应用某种传染病的高免血清来治疗该传染病。初期效果好，但成本高。

应用血清治疗时，若病畜出现喘气、出汗、躁动不安、体温下降时可用皮下注射肾上素急救。

2. 抗生素疗法

针对病原或防止继发感染的治疗方法。正确选用抗生素，开始剂量宜大，以便消灭病原体，以后可按病情酌减用量。疗程则根据传染病的种类和病畜的具体情况决定。

3. 化学疗法

用化学药物消灭和抑制动物体内病原体的治疗方法。常用磺胺类药物、抗菌增效剂和呋喃类药物等。

4. 微生态平衡疗法

通过使用微生态制剂，如促菌生、调痢生、益生素等以调整牛羊瘤胃内正常菌群平衡，达到治疗目的的方法。牛羊严禁口服抗生素。

5. 对症疗法

按症状性质选择用药的疗法，是减缓或消除某些严重症状，调节和恢复机体的生理机能的一种疗法。

6. 护理疗法

三分治疗七分护理。对病畜加强护理，改善饲养，多给可口新鲜、柔软、易消化的饲料。

7. 中兽医疗法

如白头翁汤治疗羔羊痢疾，千金散治疗破伤风等都有较好的疗效。

第二节　牦牛、藏系绵羊传染病

一、牦牛、藏系绵羊口蹄疫

口蹄疫是世界各国防范的重点传染病之一，被国际兽医组织确定为 A 类传染病。

口蹄疫俗名"口疮""蹄癀"，是由口蹄疫病毒所引起的牛、羊、猪等偶蹄动物共患的一种急性、热性、高度接触性传染病。以口腔黏膜、蹄叉和乳房皮肤等处发生水疱和烂斑为特征。

（一）病　原

口蹄疫病毒有 A 型、O 型、C 型、南非 1 型、南非 2 型、南非 3 型和亚洲 1 型七个主型。我国流行的口蹄疫主要为 A、O、C 三型，四川省阿坝州以 A 型、O 型为主。各型之间不能互相免疫。病毒对外界环境的抵抗力很强，对热敏感，85 ℃ 15 min、煮沸 3 min 即可死亡；低温条件下能长时间存活。病毒在粪便和饲料中能存活数周至数月。2%～5%氢氧化钠、1%～2%甲醛溶液可使其很快死亡。

（二）流行特点

本病以牦牛易感染，绵羊次之，因此本病是牧区重点预防的传染病之一。本病具有流行快、传播广、发病急、危害大等特点，本病的发病率可达 50%～100%，病死率仅 1%～2%。潜伏期和发病的牦牛、绵羊是主要的传染源。病毒存在于水疱液、水泡皮、奶、尿、唾液和粪便中，以水疱液和水泡皮的传染性最强；主要经消化道和呼吸道传染。本病传播虽无明显的季节性，但冬春两季较多。本病在《中华人民共和国动物防疫法》中列为一类传染病。

（三）症状（图 1-1）

（1）潜伏期平均 2～4 d，最长可达一周左右。病初体温升高至 40～41 ℃，精神沉郁，食欲减退。

（2）口腔内黏膜发生水疱，从口腔流出大量白色泡沫性的涎液挂在口角或唇上，水泡破裂，体温下降，形成烂斑和痂皮。

（3）蹄部和乳头皮肤发生水泡、烂斑。

（4）蹄趾肿痛、跛行。严重时蹄壳脱落。

（四）剖　检

心肌有白色、淡黄色条纹或斑点，俗称"虎斑心"。

（五）诊　断

（1）结合临床症状、流行病学调查可做出诊断。

（2）病料采集　采集新鲜未破裂的水泡皮和水泡液不少于10 g，放入盛有50%甘油生理盐水的玻璃瓶中密封，冰瓶保存送检。

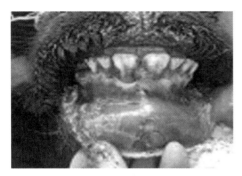
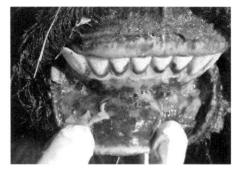

齿龈烂斑　　　　　　　　　　　　　齿龈烂斑

口流白沫　　　　　　　　　　　　　口流白沫

图 1-1　牦牛、藏系绵羊口蹄疫症状

（六）防治措施

1. 预　防

（1）不从疫区购入偶蹄家畜及其产品。

（2）新购入的牛羊要隔离观察一月，确认无病方可合群饲养。

（3）做好春、秋两季的口蹄疫疫苗的接种工作。

2. 扑　灭

（1）发病按照"早、快、严、小"的原则逐级上报，封锁疫区，尽快扑灭疫情。

（2）发病数量较少时，应就地扑杀病畜，对病畜尸体及污染物做无害化处理，防止疫情扩散。

（3）对受威胁区或假定健康易感家畜进行紧急接种。

（4）疫点以2%～5%氢氧化钠、1%～2%甲醛彻底消毒。

3. 治 疗

治疗的目的是防止继发感染。可用 0.1%高锰酸钾溶液冲洗口腔。对蹄部病变的用3%来苏儿洗净，然后涂上碘甘油或青霉素软膏。对乳房病变用 2%～3%硼酸水冲洗后，涂上青霉素软膏。注意自身防护，防止人被感染。

二、牦牛病毒性腹泻

牛病毒性腹泻简称黏膜病，是由牛病毒性腹泻病毒引起的一种传染病。以消化道黏膜发炎、糜烂、坏死和腹泻为特征。

（一）病 原

牛病毒性腹泻病毒是一种有囊腹的核糖核酸（RNA）病毒。病毒对乙醚和氯仿等有机溶剂敏感，并能被灭活。牛感染该病毒后，可获得长期免疫。

（二）流行特点

各种年龄的牦牛均可感染发病，以犊牛发病较多。绵羊也可感染，感染后产生抗体。本病以寒冷的冬春季节多发。病牛是主要的传染源。病毒可随分泌物和排泄物排出体外。牦牛可持续感染终生带毒、排毒，健康牛经污染的饲料、饮水感染，也可经飞沫感染。病毒可通过胎盘发生垂直感染。本病在《中华人民共和国动物防疫法》中列为三类传染病。

（三）症状（图 1-2）

（1）病初体温升高至 40～42 ℃，精神沉郁，食欲减退或废绝。
（2）鼻、口腔、齿龈及舌面黏膜出血、糜烂，呼气恶臭，流浆液性鼻液，咳嗽。
（3）腹泻是本病的主要特征。病初水泻，以后逐渐黏稠带有黏液和气泡，渐进性消瘦。
（4）后期跛行，孕畜发生流产。

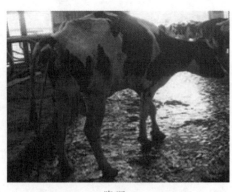 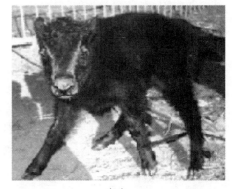

腹泻　　　　　　　　　　　　　　　消瘦

图 1-2　牦牛病毒性腹泻症状

（四）剖　检

消化道黏膜充血、水肿、糜烂。

（五）诊　断

（1）根据腹泻和剖检病变做出初步诊断。
（2）实验室诊断采用血清中和试验和病毒分离确诊。

（六）防治措施

1. 预　防

（1）加强饲养管理，增强机体抵抗力。
（2）定期消毒，消灭病原，减少感染机会。
（3）有计划地免疫接种，增强机体免疫力。
（4）对尸体和病畜分泌物、排泄物做无害化处理，消灭传染源。

2. 治　疗

本病在目前尚无有效疗法。用抗生素或磺胺类药物，可减少继发感染。

还可用中药郁金散加味：郁金 30 g、白头翁 30 g、黄连 30 g、黄柏 30 g、秦皮 30 g、当归 30 g、白芍 30 g、大黄 45 g、茯苓 30 g、金银花 40 g，煎水服，一日一剂连用 2 ~ 3 d。

三、牦牛、藏系绵羊布氏杆菌病

布氏杆菌病简称布病，是由布氏杆菌引起的一种人畜共患慢性传染病。以母畜流产、不育和公畜睾丸炎为特征。

（一）病　原

布氏杆菌为小球杆菌，革兰氏染色阴性。分牛、羊、猪三型，分别对相应的动物毒力强，对人致病力以羊型最强，牛型较弱。布氏杆菌对热敏感，巴氏消毒法 10 ~ 15 min 即可杀死；阳光直射 1 h 杀死；在腐败病料中迅速失去活力；一般常用消毒药 15 min 可杀死。

（二）流行特点

布氏杆菌的易感动物为牦牛、绵羊，人也可被感染。母畜较公畜易感，成年家畜较幼畜易感。病畜和带菌动物为主要传染来源，病原存在于流产胎儿、胎衣、羊水、流产母畜的阴道分泌物及公畜的精液内。本病主要经消化道感染，也可经接触流产时的排出物或交配而感染。本病在《中华人民共和国动物防疫法》中列为二类传染病，在牧区有上升趋势。

（三）症状（图 1-3）

（1）孕畜流产，牦牛发生于妊娠后的 5 ~ 7 个月，绵羊发生于妊娠后的 3 ~ 4 个月。前期流产很少被发现。

（2）流产前阴唇、阴道黏膜潮红肿胀，流出淡黄色黏液，并伴有腹痛不安，不久即发生流产。

（3）流产的胎儿多为死胎、弱胎。伴有胎衣停滞和子宫内膜炎。

（4）公牛发生睾丸炎或附睾炎，关节肿胀，跛行或卧地不起。

流产不足月的胎儿　　　　　　　　　　公畜睾丸炎

图 1-3　牦牛、藏系绵羊布氏杆菌病症状

（四）剖　检

病变主要是流产胎儿和胎衣。胎儿皮下组织胶样浸润，胎衣有出血点并附着有脓汁。

（五）诊　断

（1）根据流行特点、临床症状和病理变化可以初步诊断。

（2）确诊本病只有通过细菌学、血清学、变态反应等实验室手段。

（六）防治措施

1. 预　防

（1）定期检疫，阳性者淘汰。

（2）自繁自养，培育健康畜群。

（3）对病畜的排泄物、污染物、流产胎儿做无害化处理。

（4）对圈舍、用具进行定期消毒。用 2% ~ 3% 来苏儿、0.2% 百毒杀喷雾消毒。

（5）定期免疫接种。

2. 治 疗

（1）阴道冲洗：0.1%高锰酸钾溶液冲洗阴道，每天两次，至无分泌物为止。

（2）抗菌素治疗：用头孢类药、喹诺酮类药肌肉注射。连续 7 d 为一疗程。

（3）中药：益母草、蒲黄、银花、连翘各 40 g，研为细末，开水冲温后服，每日一剂，连服 4~5 剂。

四、牦牛结核病

结核病是由结核杆菌引起的一种人畜共患慢性传染病。以渐进性消瘦、组织器官形成结核结节和干酪样坏死病灶为特征。

（一）病 原

结核杆菌分为牛型，人型、禽型三型。为分枝杆菌，革兰氏染色阳性。结核杆菌对外界的抵抗力强，在土壤中可生存 10 个月，在粪便内可生存 5 个月，在奶中可存活 90 d。但对直射阳光和湿热的抵抗力较弱，70 °C 经 10 min、100 °C 水中立即死亡。能耐受一般的消毒药，70%酒精 2 min 可杀死结核杆菌，因而是可靠的消毒药。结核杆菌对一般的抗菌药不敏感，但对链霉素、庆大霉素、异烟肼、利福平等药物敏感。

（二）流行特点

牦牛对结核杆菌易感，绵羊少见，人也能被感染，且与牦牛互相传染。结核病畜是主要传染源，病原存在于粪便、乳汁、尿及气管分泌物中，污染周围环境和用具。主要经呼吸道和消化道感染，也可经胎盘传播或交配感染。夏秋季节多发。病程呈慢性经过。本病在《中华人民共和国动物防疫法》中列为二类传染病。

（三）症状（图 1-4）

病程呈慢性经过，病畜渐进性消瘦，精神沉郁，行走无力。

1. 肺结核

病初有短促干咳，渐变为湿性咳嗽。呼吸困难，流黏液、脓性鼻液，听诊肺区有啰音和摩擦音，叩诊有痛感，X 射线有阴影。

2. 乳房结核

乳量减少或停乳，乳房中形成肿块和结节，无热痛。

3. 淋巴结核

淋巴结肿大，无热痛，硬且凹凸不平。常见于下颌、咽颈及腹股沟等淋巴结。

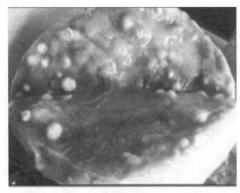
淋巴结核

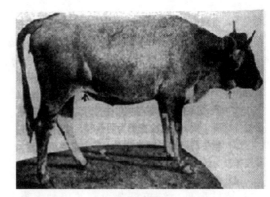
淋巴结核

图 1-4　牦牛结核病症状

4. 肠结核

多见于犊牛，以便秘与下痢交替出现或顽固性下痢为特征。

5. 生殖器官结核

性欲亢进，母畜出现假发情，屡配不孕或孕后流产。

（四）剖　检

被侵害的组织器官形成结核结节是本病的特征性病变。

（五）诊　断

（1）根据流行特点、临床症状、病理变化可以诊断。

（2）结核菌素变态反应试验可确诊。

（六）防治措施

1. 预　防

（1）加强饲养管理，培育健康畜群，提高机体抵抗力。

（2）定期检疫，阳性牛必须予以扑杀淘汰，并进行无害化处理。

（3）自繁自养，培育健康畜群。培养健康犊牛群：对受威胁区母牛进行卡介苗接种，产下的犊牛再进行卡介苗接种，犊牛 3～5 月检疫阴性者，并入健康牛群。

（4）新购入的牛，首先进行检疫，确定无病方可合群饲养。

2. 治　疗

用链霉素肌肉注射，每天 2 次，连续 3 个月。或用利福平、异烟肼等药物治疗。

五、藏系绵羊梭菌性疾病

绵羊梭菌性疾病是由梭菌芽孢杆菌属中的细菌引起的羊的一组急性致死性传染病。以发病快、病程短、病死率高为特征。包括羊肠毒血症、羊猝狙、羔羊痢疾、羊快疫、羊黑疫等疾病。本病在《中华人民共和国动物防疫法》中列为二类传染病。

（一）藏系绵羊羊快疫

羊快疫是由腐败梭菌经消化道感染引起的、主要发生于绵羊的一种急性传染病。以突然发病、病程短促、真胃出血性炎性损害为特征。

1. 病　原

腐败梭菌是革兰氏阳性的厌气大杆菌。本菌在体内外均能产生芽孢，不形成荚膜，可产生多种外毒素。在尸体中可存活 3 个月。常用消毒药在短时间内可将其杀死，对磺胺类药物和青霉素敏感。

2. 流行特点

发病多见于 6 ~ 18 月龄、营养较好的绵羊。主要经消化道感染。本病以散发性流行为主，发病率低但病死率高。

3. 症　状

患羊往往来不及表现临床症状即突然死亡，常见在放牧时死于牧场或早晨发现死于圈舍内。病程稍缓者，表现为不愿行走，运动失调，腹痛、腹泻，磨牙抽搐，最后衰弱昏迷，口流带血泡沫，多于数分钟或几小时内死亡，病程极短。

4. 剖检（图 1-5）

尸体迅速腐败膨胀。剖检见可视黏膜充血呈暗紫色。体腔多有积液。特征性表现为皱胃出血性炎症，胃底部及幽门部黏膜可见大小不等的出血斑点及坏死点，黏膜下发生水肿。肠道内充满气体，常有充血、出血、坏死或溃疡。

胃底部出血、坏死

图 1-5　绵羊梭菌性疾病剖检

5. 诊　断

（1）根据临床症状、流行特点和病理变化可以诊断。

（2）病原学检查可以确诊。

6. 防治措施

（1）预防。

① 常发区定期注射"羊三联苗""羊五联苗"或三联四防，皮下或肌肉注射 5 mL；免疫期半年。

② 加强饲养管理，注意防寒保暖，圈舍定期消毒。

③ 发病时将圈舍搬迁至地势高、干燥处。

（2）治疗。

病羊往往来不及治疗便死亡。对病程稍长的病羊，可治疗。

① 青霉素：肌肉注射，每次 3 ~ 5 万单位/kg，每天 2 次，连用 2 ~ 3 d。

② 复方磺胺嘧啶钠注射液：肌肉注射，按说明使用，每天 2 次，首次剂量加倍。

（二）藏系绵羊羊肠毒血症

羊肠毒血症又称"软肾病"或"类快疫"，是由 D 型魏氏梭菌在羊肠道内大量繁殖产生毒素引起的、主要发生于绵羊的一种急性毒血症。以急性死亡、死后肾脏软化为特征。

1. 病　原

本病的病原是 D 型魏氏梭菌。本菌为厌气性粗大杆菌，革兰氏染色阳性；在动物体内可形成荚膜、芽孢。芽孢的抵抗力较强，95 ℃ 2.5 h 方可杀死。一般消毒药均可杀死繁殖体。

2. 流行特点

本病以 4 ~ 12 月龄、膘情较好的绵羊多发，2 岁以上的绵羊很少发病。本病呈地方流行和散发，具有明显的季节性和条件性，多在春末夏初或秋末冬初发生。多雨季节、气候骤变、地势低洼等都易诱发本病。

3. 症　状

病程急速，发生突然，有时见病羊向上跳跃，跌倒于地，发生痉挛，数分钟死亡。病程缓慢的可见兴奋不安，全身颤抖、磨牙，头颈后仰，口吐白沫，于昏迷中死去。体温一般不高，血、尿常规检查有血糖、尿糖升高现象。

4. 剖检（图 1-6）

特征性病变为肾表面充血，略肿，质地软如泥。真胃和十二指肠黏膜常呈急性出血性炎症，故有"血肠子病"之称。肝肿大，质脆，胆囊肿大，胆汁黏稠。体腔积液增多。

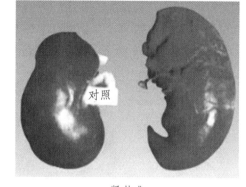

血肠子　　　　　　　　　　　　　　肾软化

图 1-6　羊肠毒血症剖检

5. 诊　断

（1）根据临床症状、流行特点和病理变化可以诊断。

（2）病原学检查和毒素鉴定可以确诊。

6. 防治措施

（1）常发病地区，每年定期接种"羊三联苗""羊五联苗"或三联四防。

（2）加强饲养管理，发病时及时转移至高燥牧地草场。

（三）藏系绵羊羊猝疽

羊猝疽是由 C 型魏氏梭菌引起的绵羊的一种急性传染病，以急性死亡、溃疡性肠炎和腹膜炎为特征。

1. 病　原

羊猝疽的病原是 C 型魏氏梭菌，革兰氏染色阳性，为粗大厌氧杆菌。

2. 流行特点

本病各种年龄、品种和性别的绵羊均可感染。以 1～2 岁的绵羊发病较多。常见于低洼、沼泽地区。多发生于冬春季节。常呈地方性流行。

3. 症　状

病羊常常当晚不见症状，次晨突然发现死于羊圈内。病程稍缓的病羊常呈现腹痛、腹胀、离群呆立，嚼食泥土或其他异物。病羊一般体温不高。病初粪球干小，濒死期发生肠鸣腹泻，排出黄褐色水样粪便，有时混有血丝或肠伪膜。有的卧地或独自奔跑，出现四肢滑动、全身颤抖、眼球转动、磨牙、头颈向后弯曲等神经症状。口、鼻流沫，常在昏迷中死亡。

4. 剖检（图 1-7）

剖检病死的羊，可见十二指肠和空肠黏膜严重充血糜烂，个别肠段可见大小不等的溃疡灶；体腔积液，暴露于空气后形成纤维素絮状；浆膜上可见有小出血点。

十二指肠、空肠充血

图 1-7　羊猝疽剖检

5. 诊　断

根据发病特点、症状识别诊断为疑病羊，实验室检查可以确诊，方法：采集体腔渗出液、脾脏等病料进行细菌学检查；取小肠内容物进行毒素检查以确定菌型。

6. 防治措施

（1）预防。

① 疫区每年定期注射"羊三联苗""羊五联苗"或三联四防。

② 加强饲养管理，防止受寒，避免羊只采食冰冻饲料。圈舍应建于干燥处。

③ 本病严重时，应及时转移放牧地。

（2）治疗。

① 青霉素：肌肉注射，每次 3 ~ 5 万单位/kg，每天 2 次，连用 2 ~ 3 d。

② 复方磺胺嘧啶钠注射液：肌肉注射，按说明使用，每天 2 次，首次剂量加倍。

（四）藏系绵羊羊黑疫

羊黑疫又称"传染性坏死性肝炎"，是由 B 型诺维氏梭菌引起的绵羊、山羊的一种急性高度致死性毒血症。本病以肝实质发生坏死性病灶为特征。

1. 病　原

羊黑疫的病原是诺维氏梭菌，为革兰氏阳性的大杆菌。本菌严格厌氧，可形成芽孢，不产生荚膜，具有周身鞭毛，能运动。

2. 流行特点

本病以 2 ~ 4 岁、营养好的绵羊多发，山羊也可患病，牛偶可感染。本病主要发生于低洼、潮湿地区，以春、夏季节多发，发病常与肝片吸虫的感染侵袭密切相关。

3. 症　状

本病临床表现与羊快疫、羊肠毒血症等疾病极为相似。病程短，大多数发病羊只表现为突然死亡，临床症状不明显。部分病例可拖延 1～2 d，病羊放牧时掉群，食欲废绝，精神沉郁，反刍停止，呼吸急促，体温 41.5 ℃，常昏睡俯卧而死。

4. 剖检（图 1-8）

病羊尸体皮下静脉显著淤血，羊皮呈暗黑色外观。真胃幽门部、小肠黏膜充血、出血。肝脏表面和深层有数目不等的凝固性坏死灶（羊黑疫肝脏的这种坏死变化具有重要诊断意义）。体腔多有积液。心内膜常见有出血点。

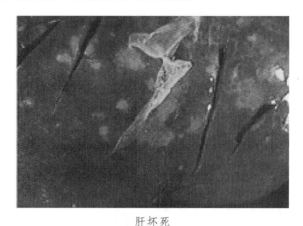

肝坏死

图 1-8　羊黑疫剖检

5. 诊　断

（1）根据临床症状、流行特点和病理变化可以诊断。
（2）病原学检查可以确诊。

6. 防治措施

（1）做好肝片吸虫的驱虫和预防工作。
（2）常发病地区定期接种，同羊快疫、羊肠毒血症。
（3）治疗同羊快疫、羊肠毒血症。

（五）藏系绵羊羔羊痢疾

羔羊痢疾是由 B 型魏氏梭菌引起的、初生羔羊的一种急性传染病。以剧烈腹泻和小肠发生溃疡为其特征。常引起羔羊大批死亡，给养羊业带来重大损失。

1. 病　原

本病的病原是 B 型魏氏梭菌，革兰氏染色阳性，是长的大杆菌、厌氧菌。一般的消毒药均可杀死。

2. 流行特点

该病以 7 日龄以内的初生羔羊发病较多，3 日龄以内的羔羊病死率最高。患病羔羊和带菌的母羊是该病的主要传染源，病原菌随粪便排出体外污染外界环境，如污染饲养用具、母羊的乳头和体表等部位。初生羔羊接触到病原菌会通过消化道、伤口或者脐带而感染发病。早春和冬季发病率较高，多呈地方性流行。

3. 症状（图 1-9）

（1）急性型。病羊突然发生剧烈腹泻，粪便恶臭且混有血液，精神萎靡，四肢瘫软，呼吸困难，口吐白沫，卧地不起，经数小时后出现昏迷、体温逐渐下降等症状，并且多数有头向后仰的神经症状，最终死亡。

（2）慢性型。病羊精神沉郁，呆立，采食量下降，喜卧，腹泻，粪便中混杂有血丝及黄色液体。个别羔羊出现腹胀但不腹泻，四肢无力，呼吸困难，口吐白沫，体温下降，发病至后期几乎处于昏睡状态，衰竭无力，眼球下陷。病羔如果得不到及时治疗，很少有康复者。

昏睡、衰竭

剧烈腹泻

图 1-9　羔羊痢疾症状

4. 剖　检

真胃内有白色或乳白色稀糊状内容物，而且有未被消化的凝乳块，胃黏膜上有大小不等的出血点；肠黏膜上有大量的黏液，肠壁增厚且严重出血，有溃疡点，周边有出血带环绕，肠系膜淋巴结呈枣红色肿胀明显。

5. 诊　断

（1）根据流行特点、临床症状和病理变化可做出初步诊断。

（2）确诊需要进行实验室检测。

6. 防治措施

（1）预防。

① 加强妊娠母羊的饲养管理，适当补饲，确保母羊体质良好，有充足的乳汁，增强羔羊的抵抗能力。

② 每年秋季使用三联四防或羊五联苗给繁殖母羊免疫接种，使羔羊通过吸吮初乳获得免疫抗体。

（2）治疗。

可选用土霉素注射液 0.1 mL/kg 肌注，1 次/天。也可以用青霉素、硫酸庆大霉素和硫酸黄连素等抗生素肌注，疗效显著。

中药治疗，可用白头翁汤加减：生山药 30 g，白芍、白术各 15 g，秦皮 12 g，白头翁、黄柏、黄连、山萸肉、诃子肉、茯苓各 10 g，甘草 8 g，干姜 5 g，共研粉末后加入 500 mL 水，水煎至 200 mL，一次灌服 10 ~ 15 mL，2 次/天，连用 3 ~ 5 d。

六、藏系绵羊羊痘

绵羊痘是由痘病病毒引起羊的一种急性、热性、接触性传染病，以皮肤和黏膜上发生斑疹、丘疹、水疱、脓疱和痂皮等病理过程为特征。

（一）病　原

痘病病毒是一种乙醚敏感的 DNA 病毒，此病毒主要感染羊，人由于接触病羊污染的物质也会被感染。痘病病毒对外环境抵抗力不强，高温、一般消毒剂都可以很快将其杀死。痂皮中的病毒抵抗力较强，在痂皮中可存活 6 ~ 8 周。

（二）流行特点

病羊是主要的传染源，主要通过空气经呼吸道感染，也可以通过损伤的皮肤或黏膜侵入机体。易感动物是绵羊、山羊，人也可感染。绵羊中细毛羊比粗毛羊易感染，羔羊较成年羊敏感，病死率高。本病在《中华人民共和国动物防疫法》中列为二类传染病。

（三）症状（图 1-10）

（1）痘疹多发生于皮肤无毛或少毛部分，病初体温升高至 41 ~ 42 ℃。

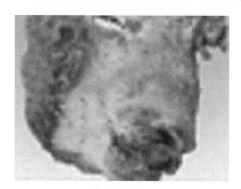
头部丘疹

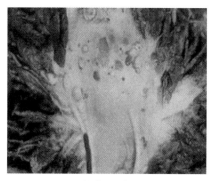
尾部丘疹

图 1-10　羊痘症状

（2）开始为红斑，1～2 d后形成丘疹，疹逐渐扩大变成灰白色的隆起结节。

（3）结节在几天内变成水疱，水疱后变成脓疱。

（4）脓疱破裂形成痂块，痂块脱落遗留一个红斑，后颜色逐渐变淡。

（5）严重时可继发肺炎、胃肠炎和败血症而死亡。

（四）诊　断

根据临床症状可做出诊断。

（五）防治措施

1. 预　防

（1）平时加强饲养管理，冬季注意防寒补饲。

（2）定期免疫接种，每年一次，初春进行。

2. 治　疗

本病尚无特效药，可采取对症治疗等综合性措施。痘疹局部可用 0.1%高锰酸钾溶液洗涤，晾干后涂抹龙胆紫或碘甘油。

初期用中药：升麻 3 g、葛根 9 g、金银花 9 g、桔梗 6 g、贝母 6 g、紫草 6 g、大青叶 9 g、连翘 9 g、生甘草 3 g、加 500 mL 水煎，温后分 2 次灌服。

中后期用中药：连翘 12 g、黄柏 45 g、黄连 3 g、黄芪 6 g、栀子 6 g、水煎灌服。促进痘疹形成痂皮。

七、牦牛、藏系绵羊炭疽病

炭疽病是由炭疽杆菌引起的一种人畜共患的急性、热性、败血性传染病。以死后天然孔出血，血液凝固不良、呈暗黑色，尸僵不全，尸体迅速腐败发酵为特征。

（一）病　原

炭疽杆菌是呈竹节状的粗大杆菌，革兰氏染色阳性。在体内能形成荚膜，在外界环境中能形成芽孢。炭疽杆菌繁殖体于 56 ℃ 2 h、75 ℃ 1 min 即可被杀灭。一般的消毒剂也能迅速杀灭。芽孢的抵抗力极强，在自然条件或在腌渍的肉中能长期生存。在皮毛上能存活数年。121 ℃ 高压蒸汽 15 min，以及浸泡于 10%福尔马林液 15 min、5%石炭酸溶液和 20%漂白粉溶液数日以上，才能将芽孢杀灭。

（二）流行特点

炭疽的易感动物为牦牛、绵羊、人等。病畜是主要的传染源，经消化道、呼吸道和创伤感染。本病在《中华人民共和国动物防疫法》中列为二类传染病。本病在牧区人畜的感染发病率较高。

（三）症状（图 1-11）

本病潜伏期平均为 1 ~ 5 d，有时可达 14 d。临床上牦牛以急性型最常见。

（1）体温升高至 40 ~ 42 ℃，稽留不降，呼吸困难，黏膜发绀。

（2）死后尸僵不全，天然孔出血，血液凝固不良，呈暗黑色，尸体迅速腐败发酵。

（3）病羊突然眩晕、摇摆、磨牙，全身痉挛，呼吸困难，天然孔出血，常于数分钟死亡。

眼出血

肛门出血

尸体腐败

图 1-11　牦牛、藏系绵羊炭疽病症状

（四）诊　断

（1）根据临床症状和流行特点可以做出初步诊断。

（2）涂片镜检：取末梢血液涂片、染色、镜检，可发现竹节状的炭疽杆菌。

（3）血清试验：用炭疽沉淀血清做沉淀试验。

（五）防治措施

1. 预　防

（1）定期接种注射炭疽芽孢苗。

（2）发现家畜炭疽病例，要及时上报，封锁疫区，隔离病畜，尽快扑灭疫情。

（3）病畜尸体严禁剖检，必须焚烧或深埋 2 m 以下。

2. 治 疗

（1）抗炭疽血清：肌肉注射，大家畜 100 ~ 250 mL，中家畜 30 ~ 100 mL；第二天重复注射一次。

（2）抗生素、磺胺类药：如青霉素、链霉素、土霉素及磺胺嘧啶钠等均可应用。

八、牦牛、藏系绵羊巴氏杆菌病

巴氏杆菌病是由多杀性巴氏杆菌引起的畜禽共患传染病。牛巴氏杆菌病又称为牛出血性败血症（简称牛出败），常以高热、肺炎或有急性胃肠炎以及内脏器官广泛性出血为特征。

（一）病 原

多杀巴氏杆菌是一种两段钝圆的短杆菌或球杆菌，不形成芽孢，不运动，无鞭毛，是两极着色的革兰氏阴性菌。本菌的抵抗力不强，在尸体内可存活 1 ~ 3 个月，在厩肥中亦可存活 1 个月；在直射阳光和干燥的情况下迅速死亡；巴氏消毒法 10 min 可杀死，一般消毒药在几分钟或十几分钟内可杀死。

（二）流行特点

病畜是主要的传染源。本病主要通过消化道和呼吸道，也可通过吸血昆虫和损伤的皮肤、黏膜而感染。家畜中以各种牛、绵羊发病较多，发病动物以幼龄为多，较为严重，病死率较高。本病的发生一般无明显的季节性，但冷热交替、气候剧变、长途运输或频繁迁移、饲料突变、营养缺乏、寄生虫等造成机体抵抗力降低，是本病主要的发病诱因。

（三）症状（图 1-12）

1. 败血型

有的呈最急性经过，没有看到明显症状就突然倒地死亡。大部分病牛初期有高热，精神沉郁，脉搏加快，食欲废绝、反刍停止，结膜潮红，鼻镜干燥，肌肉震颤；继而腹痛、下痢，粪中含有黏液及血液，体温随之下降而死。

2. 浮肿型

浮肿型是牦牛最常见的症型，除上述全身症状外，咽喉部、颈部及胸前皮下出现炎性水肿，初有热痛，后逐渐变凉，疼痛减轻。病牛高度呼吸困难，流涎，流泪，并出现急性结膜炎，往往因窒息而死。

3. 肺炎型

呈现纤维素性胸膜肺炎症状，呼吸困难，有干咳，流泡沫样或脓性鼻液。胸部叩诊有浊音区，听诊有支气管呼吸音及水泡音，胸膜炎时有胸膜摩擦音。病畜便秘或下痢。

下颌肿胀

图 1-12　牦牛、藏系绵羊巴氏杆菌病症状

（四）诊　断

（1）根据临床症状和流行特点可以做出初步诊断。

（2）实验室诊断：细菌染色发现两极着色的巴氏杆菌可以确诊。

（五）防治措施

1. 预　防

（1）保持圈舍卫生，定期消毒，加强饲养管理，提高机体抵抗能力。

（2）定期预防，注射牛出败疫苗。

（3）减少应激。

（4）发病后立即隔离治疗。

2. 治　疗

（1）10%复方磺胺嘧啶注射液：牛 80 mL、羊 20 mL，一次肌肉注射，首次量加倍，连用 5 d。另外，也可用青链毒素、土霉素、头胞等肌肉注射。

（2）中药治疗：金银花、黄连、茵陈、黄芩、马勃、栀子各 50 g，山豆根、天花粉、连翘、射干、桔梗各 60 g，牛蒡子 30 g，水煎取汁，牛一次灌服，羊分 5 次灌服，连用 3 d。

九、牦牛、藏系绵羊破伤风

破伤风又称"强直症"，俗名"锁口风"，是由破伤风梭菌引起的一种人畜共患的急性、创伤性、中毒性传染病。以全身肌肉强直性收缩和对刺激反应性增强为特征。

（一）病　原

破伤风梭菌是一种严格厌氧性革兰氏阳性大杆菌，在动物体内能产生破伤风外毒素，其中最主要的是能作用于神经系统的痉挛毒素。本菌的抵抗力不强，一般消毒药均能在短时间内将其杀死；芽孢体抵抗力强，可在土壤中存活几十年。

（二）流行特点

各种家畜均有易感性，人的易感性也很高。本菌必须经创伤才能感染，常见于断脐、去势、手术、断尾、穿鼻、产后感染等。

（三）症状（图 1-13）

（1）病初采食和下咽困难，随后张口困难，头颈伸直，两耳竖立，牙关紧闭，四肢僵硬，尾向上举，形似木马。

（2）病畜呆立，反刍停止，常发生持续性瘤胃臌气。

（3）对外界刺激的反应性增强，稍有刺激即发生强烈反应，惊恐不安。

（4）体温一般正常，死前体温升高。

羔羊破伤风　　　　　　　　　　　犊牛破伤风

图 1-13　牦牛、藏系绵羊破伤风症状

（四）诊　断

根据病史和临床症状可以确诊。

（五）防治措施

1. 预　防

（1）平时注意饲养管理和环境卫生，防止牦牛、绵羊受伤。

（2）牦牛、绵羊去势时严格消毒。

2. 治 疗

（1）将病畜移入清洁干燥、通风避光、安静的畜舍中。

（2）处理伤口：应注意无菌操作，扩大创口，彻底排出异物，并用消毒药（可用 2%高锰酸钾、3%双氧水或 5%~10%碘酊等）消毒创面。

（3）肌肉注射：青霉素、头孢类药物，连用 5~7 d。

（4）中和毒素：皮下、肌肉或静脉注射破伤风抗毒素，成年牛：50~90 万 IU，犊牛（羊）20~40 万 IU，可一次注射，也可分 3 d 注射。

（5）镇静解痉：用氯丙嗪，犊牛 150~200 mg，成年牛 250~500 mg，上、下午各肌注一次。也可用 2%静松灵 1~3 mL，每日注射 2 次；牙关紧闭时用 1%普鲁卡因在开关、锁口穴注射，每穴注射 10 mL，每天一次直至开口。

（6）对症治疗：主要是强心补液，调整胃肠功能。

（7）中药治疗。

① 初期：防风、荆芥穗、薄荷、蝉蜕各 30 g，白芷、升麻、僵蚕各 25 g，天南星、葛根、天麻各 15 g，水煎服，配合静脉放血。

② 中期：天麻、乌蛇、羌活、独活、防风、升麻、阿胶、何首乌、沙参各 25 g，天南星、全蝎、蝉蜕、藿香、桑螵蛸各 18 g，蔓荆子、旋复花、川芎各 20 g，细辛 10 g，水煎服，配合针刺锁口、百会穴。

③ 后期：党参、黄芪、当归、金银花、天麻各 30 g，玄参、连翘、僵蚕各 25 g，乌蛇、天南星、蝉蜕、全蝎各 10 g，蜈蚣 3 条，水煎服，配合针刺锁口、开关穴。

十、牦牛、藏系绵羊传染性胸膜肺炎

牛传染性胸膜肺炎又称牛肺疫，绵羊传染性胸膜肺炎又称支原体肺炎，是由丝状支原体引起的一种高度接触性传染性疾病。以呈现纤维素性肺炎和胸膜炎为特征。

（一）病 原

丝状支原体革兰氏染色阴性。常存在于病畜的肺组织、胸腔渗出液和气管分泌物中。对热敏感，65 ℃ 10 min 可杀死，一般的消毒药物均可杀死。

（二）流行特点

在自然条件下，牦牛、山羊、绵羊均易感染。病牛和带菌者（隐性感染）是传染源。病原体通过咳嗽和随呼吸时飞沫排出，也可通过尿、乳汁和分娩时排出。经呼吸道和消化道感染，不分年龄、性别，一年四季均可发生，病死率 30%~50%甚至以上。长途运输、饲养管理条件差、畜舍密度过大等都是促发本病的因素。本病在《中华人民共和国动物防疫法》中列为一类传染病。

（三）症状（图 1-14）

1. 最急性型

病初体温升高，可达 41～42 ℃，呼吸急促而有痛苦的鸣叫，数小时后出现肺炎症状，呼吸困难，咳嗽，并流浆液性带血鼻汁。肺部叩诊呈浊音，听诊肺泡呼吸音减弱，消失或呈捻发音。12～36 h 内，由于胸腔渗出液增多，病牛卧地不起，呼吸极度困难，黏膜发绀，不久窒息而死。病程一般不超过 4～5 d，有的仅 12～24 h。

2. 急性型

最常见。体温升高至 41 ℃ 以上，食欲减退。初期湿咳，后期痛咳。初期流浆液性鼻汁，中期流黏液脓性鼻汁，后期流铁锈色鼻汁。触诊胸壁表现敏感、疼痛。听诊呈支气管呼吸音和摩擦音。有时发生臌胀和腹泻，母畜流产。有的病牛口腔中发生溃烂，唇、乳房等部皮肤发疹。病程多为 7～15 d，有的可达一个月，转为慢性。

3. 慢性型

多见于夏季。全身症状轻微，体温升至 40 ℃ 左右。病羊间有咳嗽和腹泻，鼻汗时有时无，衰弱。在此期间，若有某种因素使机体抵抗力降低，很容易复发或出现并发症而迅速死亡。

精神浓郁

鼻流脓涕

大叶性肺炎

肺炎

图 1-14　牦牛、藏系绵羊传染性胸膜肺炎症状

（四）病理变化

特征性病变是肺脏和胸腔，典型病例是大理石样肺和浆液纤维素性胸膜肺炎。初期以小叶性肺炎为特征；中期为浆液性纤维素性胸膜肺炎；末期肺部病灶坏死并有结缔组织包囊，严重者结缔组织增生使整个坏死灶瘢痕化。

（五）诊　断

根据临床症状、流行特点和病理变化可以诊断。

（六）防治措施

1. 预　防

老疫区宜定期用牛肺疫兔化弱毒菌苗预防注射；发现病牛应隔离、封锁，必要时宰杀淘汰；污染的牛舍、屠宰场应用 3% 来苏儿或 20% 石灰乳消毒。

本病早期治疗可达到临床治愈。

2. 治　疗

（1）新胂凡纳明（914）：2 ~ 4 g，用法：用生理盐水稀释成浓度 5%，一次静脉注射，按 1 kg 体重 5 ~ 10 mg 用药。视病情间隔 5 ~ 7 d 再用 1 ~ 2 次。

（2）肌肉注射：氟苯尼考、泰乐菌素也有很好效果。

（3）中药

① 郁金、当归、连翘各 25 g，黄芩、丹皮、花粉、贝母、青皮、白芍、制乳香、制没药、延胡索各 19 g，柴胡 12 g，甘草 9 g，共研为末，开水冲温后一次灌服，牛每次 200 ~ 300 g，羊每次 50 ~ 80 g，每天 1 次，连用 5 ~ 6 d。

② 紫花地丁 90 g、黄芩 60 g、苦参 60 g、生石膏 60 g、甘草 18 g，共研细末，开水冲温后一次灌服，每天 1 次，连用 5 ~ 6 d。

十一、牦牛副伤寒

牦牛副伤寒主要是由都柏林沙门氏菌和鼠伤寒沙门氏菌引起的一种犊牛传染病。以败血症和胃肠炎为特征。

（一）病　原

柏林沙门氏菌和鼠伤寒沙门氏菌主要感染牦牛。是寄生于肠道内无芽孢的直杆菌，革兰氏染色为阴性。该菌在外界环境中抵抗力较强，常温下可迅速繁殖，耐低温、干燥，不耐热，60 ℃ 25 min 即可灭活；用一般的消毒剂和消毒方法都能达到消毒目的。

（二）流行特点

各种年龄的牦牛对本病都有易感性，特别是1月龄左右的犊牛最易感。病牛和带菌牛是主要的传染源，本病主要经消化道传染。病菌常潜藏于消化道、淋巴组织内，当外界不良因素、营养缺乏使机体抵抗力下降时，则其大量繁殖而发生内源性感染。本病一年四季均可发生，犊牛发病后传播迅速，常呈地方性流行。成年牦牛常呈散发。

（三）症状（图 1-15）

病初表现体温升高，精神沉郁，食欲废绝，呼吸、心跳加快，且呈腹式呼吸；随后腹泻，排出恶臭稀粪，其中混有黏液、血液和纤维素性絮片，病牛剧烈腹痛，常后肢踢腹。重者多在 5～10 d 死亡。轻者或经早期治疗的病犊可痊愈，或转为慢性。转为慢性者，常呈周期性腹泻，关节肿大，有的还有支气管炎和肺炎症状。病死率一般 5%～10%。成年牛多表现慢性或带菌，怀孕母牛多数流产。

腹泻消瘦　　　　　　　　　　　腹泻后期

图 1-15　牦牛副伤寒症状

（四）病理变化（图 1-16）

（1）急性病例：胃肠黏膜有出血性炎症、纤维素渗出性炎症及黏膜坏死，脾肿大、充血，肠系膜淋巴结肿大、出血。

胃肠出血性炎症　　　　　　　　胃肠出血性炎症

图 1-16　牦牛副伤寒病理变化

（2）慢性病例：肺部有炎症灶且伴有坏死，肝有坏死结节，小肠黏膜有出血点，膝关节及跗关节发生浆液性炎症。

（1）根据流行特点、临床症状及病理变化进行综合分析，可做出初步诊断。

（2）确诊需进行细菌的分离、培养和鉴定，或采用荧光抗体技术进行诊断。

（六）防治措施

1. 预　防

（1）加强饲养管理，提高机体抗病力，消除诱发因素。牛群一旦发病，应立即隔离治疗病牛，对其停留过的场地、圈舍和使用过的用具等进行消毒。死亡动物深埋或焚烧。严禁食用，以免引起食物中毒。

（2）预防接种　疫区可注射牛副伤寒灭活菌苗进行预防。1 岁以下小牛肌肉注射 1～2 mL，1 岁以上的牛肌肉注射 2～5 mL，间隔 10 d 同剂量再注射 1 次。在已发生牛副伤寒的牛群中，应对 2～10 日龄的犊牛肌肉注射灭活菌苗 1～2 mL。

2. 治　疗

（1）注射抗血清：抗沙门氏杆菌病血清 100～150 mL，肌肉注射。

（2）肌肉注射：土霉素、链霉素、庆大霉素、恩诺沙星，也可应用磺胺类药物。腹泻脱水时，可用 5%葡萄糖生理盐水 1 000～2 000 mL，5%碳酸氢钠液 50～150 mL 一次静注。每日一次，连用 2～3 d。

（3）中药，以清热解毒、收敛止泻为主：白头翁 30 g、板蓝根 25 g、蒲公英 25 g、赤芍 20 g、秦皮 20 g、乌梅 15 g、诃子 15 g、当归 15 g、玄参 15 g、甘草 15 g，煎水温后服。连用 3～5 d。

十二、牦牛放线菌病

牦牛放线菌病是由放线菌引起的一种化脓性肉芽肿性传染病。以头、颈、颌下和舌出现放线菌肿为特征。

（一）病　原

放线菌分为牛放线菌和林氏放线菌。牛放线菌为革兰氏阳性，林氏放线菌为革兰氏阴性。牛放线菌引起骨骼的放线菌病，林氏放线菌引起皮肤和软组织器官（如舌、乳腺、肺等）的放线菌病。放线菌对外界环境的抵抗力很强，在干燥环境中能存活 6 年；对热较敏感，75～80 ℃ 5 mim 死亡。

（二）流行特点

牦牛对放线菌易感染，尤其是 2 ~ 5 岁的牛。细菌存在于土壤、饮水和饲料中，并寄生于动物的口腔和上呼吸道中。当皮肤、黏膜损伤时（如被禾本科植物的芒刺刺伤或划破），可能引起发病。

（三）症状（图 1-17）

牦牛常见上、下颌骨肿大，有硬的结块，咀嚼、吞咽困难。有时，硬结破溃、流脓，形成瘘管。舌组织感染时，活动不灵，称木舌症，病牛流涎，咀嚼困难。

下颌放线菌

图 1-17　牦牛放线菌病症状

（四）诊　断

（1）根据临床症状即可做出诊断。

（2）采集患部脓汁，经水洗后，取硫磺颗粒放于载玻片上，滴加 1 滴 15%氢氧化钾溶液，盖上盖玻片做压片镜检，有辐射状菌丝即可确诊。

（五）防治措施

1. 预　防

（1）皮肤、黏膜损伤后应及时治疗。

（2）不用过长、过硬的干草喂饲牛羊。

2. 治　疗

（1）手术治疗：切开皮肤，分离病灶，将病灶切除后按创伤处理。

（2）药物治疗：

① 碘化钾 5 ~ 10 g，用法：成年牛一次口服，犊牛用 2 ~ 4 g，每天 1 次，连用 2 ~ 4 周。

② 青霉素 240 万 IU、链霉素 300 万 IU，用法：注射用水 20 mL 溶解后，患部周围分点注射，每日 1 次，连用 5 d。

③ 中药：芒硝 90 g（后冲）、黄连 45 g、黄芩 45 g、郁金 45 g、大黄 45 g、栀子 45 g、连翘 45 g、生地 45 g、玄参 45 g、甘草 24 g，用法：水煎，一次灌服。

（3）牦牛食欲、生长正常时不需特别治疗。

十三、藏系绵羊小反刍兽疫

小反刍兽疫是由小反刍兽疫病毒引起的一种急性接触性传染病，以发热、口腔糜烂、腹泻、肺炎为特征。

（一）病　原

小反刍兽疫病毒属于副黏病毒科麻疹病毒属。与牛瘟病毒有相似的物理、化学及免疫学特性。病毒呈多形性，通常为粗糙的球形。

（二）流行特点

本病主要感染山羊、绵羊等小反刍动物。本病主要通过直接接触传染，病畜的分泌物和排泄物是传染源。传播途径为消化道和呼吸道。该病暴发时，发病率高达 100%，病死率为 100%，在老疫区发病时，病死率不超过 50%。幼年的发病率和病死率都很高。本病在《中华人民共和国动物防疫法》中列为一类传染病。

（三）症状（图 1-18）

反刍兽疫潜伏期为 4 ~ 5 d，最长 21 d。自然发病仅见于山羊和绵羊。病羊体温升高至 40 ~ 41 ℃，并持续 5 ~ 8 d，精神萎靡，食欲减退或废绝。鼻腔初期流黏液性鼻液，后期流脓性鼻液，阻塞鼻腔，造成呼吸不畅。眼角附有分泌物。口腔早期出现溃疡、坏死，呼出恶臭气体。发病后期出现带血水样腹泻，严重脱水，消瘦，随之体温下降，一般发病后 5 ~ 10 d 出现死亡。另外病羊后期往往伴有支气管肺炎，妊娠母羊伴有流产。

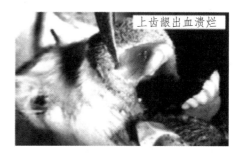

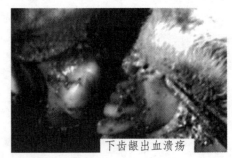

图 1-18　藏系绵羊小反刍兽疫症状

（四）病理变化（图 1-19）

口腔黏膜干酪样病变，舌、颊、唇上皮水肿和坏死，小肠明显出血，直肠、结肠黏膜有条纹状出血。肠淋巴结肿胀、出血。肺尖叶萎缩或出血性坏死，气管、支气管有大量分泌物，肝脏点状出血，胆囊充满胆汁。

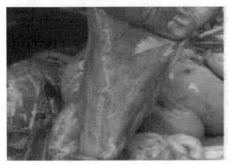

肠系条状出血　　　　　　　　　　肠充血、出血

图 1-19　藏系绵羊小反刍兽疫病理变化

（五）诊　断

（1）根据临床症状和剖检变化可以初步诊断。

（2）确诊需采集病料送检。

（六）防控措施

1. 疫情处理

如果发现羊有疑似小反刍兽疫时，应迅速上报疫情，划定疫点、疫区，按照"早、快、严、小"的原则，及时严格封锁，病畜及同群畜应隔离急宰，同时对病畜舍及污染的场所和用具等彻底消毒。

2. 免疫接种

（1）每年定期注射三联四防苗。

（2）小反刍兽疫病毒弱毒疫苗：1 个月以上的羊每头 1 mL 皮下注射。

第二章 牦牛、藏系绵羊常见寄生虫病

第一节 寄生虫病基础知识

一、寄生虫、宿主的概念

1. 寄　生

寄生是两种生物间的相互关系，其中一种生物暂时或永久地以另一种生物体为居住环境，夺取营养，并给予一定损害的现象称为"寄生"。

2. 寄生虫

过着寄生生活的动物称为"寄生虫"。

3. 寄生虫病

由寄生虫寄生引起宿主的疾病称为"寄生虫病"。

4. 宿　主

被寄生虫寄生的动物称为"宿主"。

二、寄生虫、宿主的分类

（一）寄生虫的分类

1. 按寄生时间的长短分类

（1）暂时性寄生虫：饥饿时才与宿主接触的寄生虫。

（2）永久性寄生虫：长期或终身居住在宿主体的寄生虫。

2. 根据寄生部位分类

外寄生虫：寄生在宿主体表或皮肤内的寄生虫。

内寄生虫：寄生在宿主体内某器官和组织内的寄生虫。

（二）宿主的分类

（1）终末宿主：是指被成虫或有性繁殖阶段寄生虫所寄生的宿主。

（2）中间宿主：是指被幼虫或无性繁殖阶段寄生虫所寄生的宿主。

（3）补充宿主（第二中间宿主）：有的寄生虫的发育过程需要两个中间宿主，幼虫发育前期所需的中间宿主称第一中间宿主，幼虫发育后期所需的中间宿主称补充宿主。

（4）贮藏宿主：某些寄生虫的感染幼虫，侵入一个并非它生理上需要的动物体内，但保持着对宿主的感染力，这个动物称为贮藏宿主。

（5）带虫宿主：处于隐性感染阶段，宿主对寄生虫还保持着一定的免疫力，但也保留着一定量的虫体感染，这个宿主称为带虫宿主。

三、寄生虫对宿主的危害

1. 机械性损伤

寄生虫在宿主的体内，对宿主的组织或器官造成损伤或引起炎症、出血、管腔阻塞等。

2. 夺取营养

寄生虫在宿主的体内时，从宿主体获取营养物质，以满足寄生虫自身的需要，造成宿主营养不良、消瘦、贫血等。

3. 毒素危害

寄生虫在宿主体内生长发育的过程中所排出的代谢产物和分泌物对宿主具有一定的毒性，宿主吸收后引起机体的机能紊乱。

4. 带菌感染

寄生虫侵入宿主体内后，在移行过程中，把病原体带入宿主其他组织器官，使这些组织器官被感染。

四、寄生虫病流行的因素

1. 外环境因素

寄生虫的生存必须具备一定的条件，如温度、湿度、阳光、pH 等。

2. 寄生虫感染途径和在宿主体内的寿命

寄生虫有适宜的感染途径，在宿主体内寿命较长，寄生虫病流行的可能性就大；否则，流行的可能性就小。

3. 易感动物的存在

有易感动物存在，就会引起寄生虫的流行。

4. 社会因素

首先是农牧民对寄生虫病的重视程度，其次是农牧民的生活习惯问题。

五、综合防治措施

（1）做好牦牛、绵羊寄生虫病流行病学调查：查明本地牦牛、绵羊体内外寄生虫的种类，做到有的放矢，为防治工作提供指导和用药依据。

（2）预防性驱虫和治疗性驱虫相结合：根据本地区寄生虫病的流行规律，制订合理的驱虫程序，加大对寄生虫病预防的投入，做好春、秋两季预防性驱虫，合理选择使用药物，以防发病。

（3）注意饮水卫生：寄生虫的感染因素常常污染水源，有些中间宿主还生存于水中，因此，不良的饮水往往是寄生虫病的感染来源。

（4）做好粪便的无害化处理：驱虫后把粪便运送到指定的地点进行堆积发酵，利用粪便发酵产生的生物热，杀死寄生虫的虫卵、幼虫。

第二节　牦牛、藏系绵羊寄生虫病

一、牦牛焦虫病

牦牛焦虫病是由双芽焦虫或巴贝斯焦虫寄生在牦牛的红细胞内引起的一种血液原虫病。以高热、贫血、黄疸和血红蛋白尿为特征。

（一）病原（图 2-1）

双芽焦虫是一种大型焦虫，长度大于红细胞半径，较常见的典型形态呈梨籽形，由两个虫体的尖端形成锐角相连，多位于红细胞的中央，另有环形、圆形、椭圆形、不规则形等。

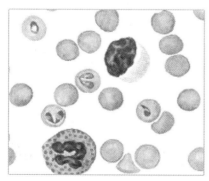
双芽焦虫

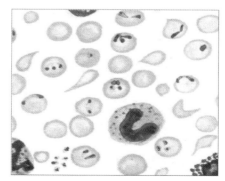
巴贝斯焦虫

图 2-1　焦　虫

巴贝斯焦虫是一种小型焦虫，较常见的典型形态也是梨籽形，长度小于红细胞半径，由两个虫体的尖端形成钝角相连，多位于红细胞的连缘。

（二）生活史

当蜱吸食病牛血液时，将寄生在红细胞中的焦虫随血液吸入蜱体内，在蜱体内经复分裂后移居蜱卵内，并随后在发育的幼蜱上皮细胞中经历类似的发育。在幼蜱的唾液腺细胞里发育到感染阶段，当幼蜱吸食健康牦牛时，将焦虫接种到牛体内，在牦牛的红细胞内继续发育繁殖，引起病害。

（三）流行特点

牦牛焦虫病的传染源是病牛和带虫者，中间宿主是蜱。牦牛感染率高但发病率低，本病以 4 ~ 6 月发病率最高，当环境改变时易导致本病发生。绵羊也有感染。

（四）症　状

牦牛常为隐性感染，一般不表现临床症状，当牦牛所处环境突然改变或严重感染时，病牛表现为发热，体温高达 40 ~ 41.8 ℃，呈稽留热型；食欲下降，反刍停止，粪便呈黄棕色或黑红色。早期病牛表现为呼吸困难，张口呼吸，个别病牛将舌体伸出口外不能收回，并伴有流涎的症状。发病中后期，病牛明显消瘦，可视黏膜黄染，有 75% 左右的病牛出现血红蛋白尿。

（五）诊　断

（1）根据临床症状或特效药诊断性治疗，可做出初步诊断。

（2）实验室诊断：采血、涂片、吉姆萨染色后镜检，发现虫体即可确诊。

（六）防治措施

1. 预　防

（1）搞好畜舍卫生，定期灭蜱。

（2）牛体灭蜱，经常检查牛体，发现蜱及时除去处死。

（3）不要在蜱滋生的草地放牧。

2. 治　疗

（1）贝尼尔（血虫净）3 ~ 5 mg/kg，用生理盐水配成 5% 溶液，一次深部肌肉注射，每天 1 次，连用 2 ~ 3 d。

（2）阿维菌素或伊维菌素肌肉注射 0.3 mg/kg 体重。

二、牦牛、藏系绵羊前后盘吸虫病

前后盘吸虫病是由一种或多种前后盘吸虫寄生在牦牛、绵羊的胃和小肠而引起的一类吸虫病。成虫寄生于瘤胃和网胃壁上，童虫可见于真胃、小肠等处。以贫血、消瘦、顽固性腹泻为特征。

（一）病原（图 2-2）

前后盘吸虫属于前后盘科，前后盘吸虫成虫呈深红色或灰白色，圆柱状、梨形或圆锥形等，虫体长 5～10 mm 不等。口吸盘位于虫体前端，另一吸盘位于虫体后端，显著大于口吸盘。

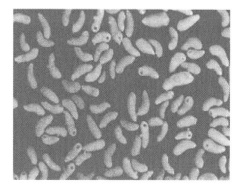

图 2-2　前后盘吸虫

（二）生活史

前后盘吸虫的成虫寄生在牦牛、绵羊的瘤胃和网胃壁上。成虫所产虫卵随粪排出，落入水中，孵出毛蚴，毛蚴钻入中间宿主淡水螺蛳体内，发育成胞蚴、雷蚴、尾蚴，尾蚴离开螺体并在水中游动，附着于水生植物茎叶上形成囊蚴，牛羊因吃入黏附有囊蚴的水生植物而感染，囊蚴在肠道内脱囊，童虫逸出，在小肠、胆管、胆囊和真胃内移行、寄生数十天，最后上行至瘤胃和网胃发育为成虫。

（三）流行特点

牦牛、绵羊均易感染。但绵羊较多，主要发生于夏季、秋季。中间宿主为淡水螺蛳。

（四）症　状

病羊食欲不振，消化不良，顽固性拉稀，粪呈粥样或水样，颌下甚至全身水肿，渐进性贫血，消瘦，衰弱无力，重者卧地难起，衰弱死亡。大量童虫寄生时可引起严重症状甚至大批死亡。

（五）诊　断

（1）采用沉淀法检查粪便，查到虫卵即可确诊。

（2）剖检，在寄生部位查到成虫或童虫均可确诊。

（六）防治措施

1. 预　防

（1）防治本病的重点应做好定期预防性驱虫、粪便管理和灭螺工作。

（2）消灭中间宿主，生物灭螺（草地养鹅、鸭）。

（3）尽量少到沼泽地附近放牧。

2. 治　疗

（1）氯硝柳胺：按 60 ~ 70 mg/kg 体重，1 次内服。

（2）硫双二氯酚（别丁）：按 65 ~ 75 mg/kg 体重，1 次内服。

（3）吡奎酮：按 5 mg/kg 体重，一次内服。

三、牦牛、藏系绵羊肝片吸虫病

肝片吸虫病是由肝片吸虫寄生于牦牛和绵羊肝脏胆管中的一种吸虫病。以肝炎、肝硬化、胆管炎、消化紊乱、消瘦为特征。

（一）病原（图 2-3）

肝片吸虫的成虫呈榆叶状，新鲜活虫为棕红色，长 20 ~ 35 mm，宽 5 ~ 13 mm。口吸盘位于头锥的前端，腹吸盘在肩部水平线中部。虫卵呈椭圆形，黄褐色，长 120 ~ 150 μm，宽 70 ~ 80 μm，前端较窄，有一不明显的卵盖，后端较钝。

成虫

图 2-3　肝片吸虫

（二）生活史

肝片吸虫的成虫寄生在牦牛、绵羊的胆管内，虫卵随胆汁进入小肠，随粪便排到宿主体外。在外环境中发育成毛蚴。毛蚴周身有纤毛，能借着纤毛在水中迅速游动。当遇到椎实螺（中间宿主，图2-4）时，即钻入其体内发育成尾蚴。尾蚴出螺体在水中短时期游动以后，即附着于草上发育成囊蚴。当健康牛羊吞入带有囊蚴的草或饮水时，囊蚴的包囊在消化道中被溶解，蚴虫即转入牦牛、绵羊的肝脏和胆管中，逐渐发育为成虫。

椎实螺

图 2-4　肝片吸虫病中间宿主

（三）流行特点

病畜和带虫者是传染源。椎实螺是中间宿主。主要感染牦牛、绵羊。潮湿多雨季节多发。

（四）症状（图 2-5）

1. 急性型

多见于秋季，表现是体温升高，精神沉郁；食欲废绝，偶有腹泻；肝脏叩诊时，半浊音区扩大，敏感性增高；病羊迅速贫血。有些病例表现症状后 3 ~ 5 d 发生死亡。

颌下水肿

图 2-5　牦牛、藏系绵羊肝片吸虫病症状

2. 慢性型

最为常见，可发生在任何季节。病的发展很慢，一般在 1~2 个月后体温稍有升高，食欲降低；眼睑、下颌、胸下及腹下部出现水肿。病程继续发展时，食欲趋于消失，表现卡他性肠炎，黏膜苍白，贫血剧烈。由于毒素危害以及代谢障碍，羊的被毛粗乱，无光泽，脆而易断，有局部脱毛现象。3~4 个月后水肿更为剧烈。孕畜可能生产弱羔，甚至生产死胎。如不采取医疗措施，最后常发生死亡。

（五）诊　断

（1）根据临床症状和流行特点可初步诊断。

（2）实验室诊断：粪便冲洗、沉淀法可检出虫卵确诊。

（3）剖检可见虫体。

（六）防治措施

1. 预　防

（1）防止健羊吞入囊蚴：不要在池塘、沼泽、水潭等潮湿牧场上放牧。

（2）消灭中间宿主椎实螺，可采用化学灭螺法，用 1∶50 000 的硫酸铜溶液定期喷洒，也可用 2.5∶1 000 000 的血防 67 浸杀或喷杀椎实螺。可以在低洼、沼泽潮湿地养殖鸭、鹅。

（3）预防性驱虫：每年进行 3 次驱虫，春、夏、秋各 1 次。每次驱虫时要集中处理粪便。

2. 治　疗

（1）硫双二氯酚（别丁）：60~100 mg/kg 体重，口服。

（2）丙硫咪唑（抗蠕敏）：牛 60 mg/kg 体重，羊 50 mg/kg 体重，一次口服。

（3）中药：贯仲 20 g、槟榔 30 g、木通 20 g、泽泻 15 g、龙胆草 30 g、苏木 30 g、赤芍 35 g、茯苓 25 g、甘草 25 g，研为末，将苏木泡入水中，用苏木水冲服。

四、牦牛、藏系绵羊肺丝虫病

肺丝虫病是由肺丝虫寄生在牦牛、绵羊的呼吸道和肺内引起的寄生虫病。以咳嗽、流黏液脓性鼻液、消瘦为特征。

（一）病原（图 2-6）

肺丝虫病的病原包括两类，即大型肺丝虫和小型肺丝虫，大型肺丝虫又名丝状网尾线虫，主要危害绵羊。大型肺丝虫的成虫虫体很细，为乳白色，雄虫长 30~80 mm，雌虫长 50 ~ 112 mm。卵呈椭圆形，壳薄，无色透明或淡黄白色，内含一个蜷曲的幼虫。小型肺丝虫又称胎生网尾线虫，主要危害牦牛，雄虫长 40 ~ 55 mm，雌虫长 60 ~ 80 mm。

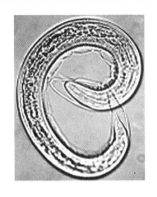

图 2-6　肺丝虫

（二）生活史

雌虫在气管内产卵，在咳嗽时随着痰液到达口腔，然后再咽入消化道，在消化道内发育为幼虫，随粪便排到体外，幼虫在适宜的环境（25 ℃）中，经过 6 ~ 7 d 发育为侵袭性幼虫，侵袭性幼虫爬上青草或进入水中，当牦牛、绵羊食入后，幼虫在消化道内脱出囊鞘，钻到肠淋巴管，随淋巴和血液循环到肺，最后在肺内发育为成虫。虫体寄生在气管或支气管内。

（三）流行特点

幼虫耐低温，- 40 ~ - 20 ℃ 下不死亡，但对高温敏感，幼虫的活力受到影响，冬春季节易流行，成年畜比幼畜发病率高。

（四）症　状

感染初期的牦牛、绵羊症状不明显。当感染大量虫体时，经过 1 ~ 2 个月即开始表现短而干的咳嗽。最初个别咳嗽，以后波及多数，咳嗽次数亦逐渐增多。在运动后和夜间休息时咳嗽更为明显。在羊圈附近可以听到患畜的咳嗽声。常见患畜鼻孔流出黏性液体，液体干后变为痂皮。听诊肺部有湿性啰音。患病久的牦牛、绵羊，表现食欲减少，身体瘦弱，被毛干燥而粗乱。放牧时喜卧地上，不愿行走。随着病势的发展，逐渐发生腹泻及贫血，眼睑、下颌、胸下和四肢出现水肿。最后由于严重消瘦而死亡。

（五）诊　断

（1）根据临床症状和流行特点可做出初步诊断。

（2）实验室诊断：用贝尔曼法在粪便中查出幼虫，可确诊。

（3）剖检气管有丝状虫体。

（六）防治措施

1. 预　防

（1）加强饲养管理，保持牧场清洁干燥，防止潮湿积水。驱虫时集中羊群数天，以加强粪便管理。

（2）预防性驱虫，春、秋各 1 次。

2. 治　疗

（1）左旋咪唑：按 8 ~ 15 mg/kg 体重，喂服或肌注。

（2）阿苯达唑：按 10 ~ 15 mg/kg 体重，喂服。

（3）阿维菌素或伊维菌素：按 0.2 ~ 0.3 mg/kg 体重，皮下注射。

五、牦牛、藏系绵羊绦虫病

绦虫病是由绦虫寄生于牦牛、绵羊、人小肠内引起的一种人畜共患寄生虫病。以渐进性消瘦、衰弱、生长缓慢、腹泻、神经机能紊乱为特征。

（一）病原（图 2-7）

绦虫是一种长带状而由许多扁平体节组成的蠕虫，寄生在绵羊及牦牛的小肠中。共有四种，即扩展莫尼茨绦虫、贝氏莫尼茨绦虫、盖氏曲子宫绦虫和无卵黄腺绦虫，比较常见的是前两种。

头节

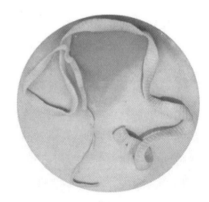

图 2-7　绦　虫

扩展莫尼茨绦虫体长 1 ~ 6 m，宽 16 mm。贝氏莫尼茨绦虫长 1 ~ 4 m，宽 26 mm。呈白色或乳白色，雌雄同体。绦虫节片可分为头节、颈节、体节 3 部分。头节上有 4 个吸盘，吸盘有固定虫体的作用。颈节细短。体节又可分为未成熟节片、成熟节片、孕卵节片 3 部分。绦虫不断从颈节长出新节片，孕卵节片不断脱落。呈三角形或四边形，内含六钩蚴。

（二）生活史

孕卵节片随粪便排到体外，卵在外界环境中发育成幼虫，被中间宿主地螨吞食。六钩蚴在中间宿主体内发育成似囊尾蚴，污染饲草。牦牛、绵羊食入带有似囊尾蚴的中间宿主，似囊尾蚴吸附在小肠黏膜上，约经40 d发育成成虫。

（三）流行特点

病畜为传染源，以犊牛和羔羊最易感染。中间宿主为地螨。阴暗潮湿的地区螨多，温暖多雨季节发病较多。

（四）症　状

一般感染初期的牛羊不表现症状，尤其是成年羊。感染后期则表现食欲降低，饮欲增加，下痢，贫血及淋巴结肿大。病畜生长不良，体重显著降低；腹泻时粪中混有绦虫节片，有时可见一段虫体吊在肛门处。若虫体阻塞肠道，则出现膨胀和腹痛现象，甚至因发生肠破裂而死亡。有时病羊出现转圈、肌肉痉挛或头向后仰等神经症状。后期仰头倒地，经常做咀嚼运动，口周围有泡沫，对外界反应几乎丧失，直至全身衰竭而死。

（五）诊　断

（1）根据临床症状和流行特点可做出初步诊断。

（2）虫卵检查：用饱和盐水漂浮法从粪便中查到虫卵，可确诊。

（3）节片检查：从粪便中查出孕卵节片，可确诊。

（六）防治措施

1. 预　防

（1）避免在地螨孳生地放牧，不在雨后的凌晨和傍晚放牧。

（2）搞好环境卫生，加强粪便管理，及时清扫粪便，集中做无害化处理。

（3）预防性驱虫：放牧前对羔羊进行第一次驱虫，放牧后一个月进行第二次驱虫，再一个月后进行第三次驱虫。

2. 治　疗

（1）阿苯达唑：牛60～80 mg/kg体重，羊80～100 mg/kg体重，内服。

（2）硫双二氯酚：牛40～60 mg/kg体重，羊80～100 mg/kg体重，内服。

（3）比喹酮：牛羊均按5 mg/kg体重，内服。

六、牦牛、藏系绵羊棘球蚴

棘球蚴病也叫囊虫病或包虫病。是由细粒棘球绦虫的幼虫寄生在牦牛、绵羊、人的脏器内引起的一种人畜共患寄生虫病。以咳嗽、肝区疼痛、衰弱、消瘦、瘤胃持续性臌气为特征。

（一）病原（图 2-8）

1. 成虫（细粒棘球绦虫）

寄生在犬、狼及狐狸的小肠里，虫体很小，全长 2～8 mm，由 3 个或 4 个节片组成，头节上具有额嘴和 4 个吸盘，额嘴上有许多小钩，最后的体节为孕卵节片，内含 400～800 个虫卵。

2. 幼 虫

棘球蚴寄生于绵羊的肝脏、肺脏及其他器官。形态多种多样，大小也很不一致，从豆粒大到人头大，也有更大的。

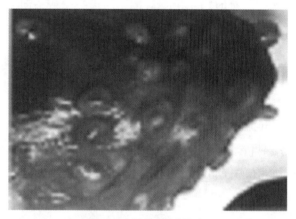

图 2-8 细粒棘球绦虫

（二）生活史

棘球绦虫的终末宿主为肉食动物，中间宿主为牦牛、绵羊和人。终末宿主狗、狼、狐狸把含有细粒棘球绦虫的孕卵节片和虫卵随粪排出，污染牧草、牧地和水源。当牛羊只通过吃草、饮水吞下虫卵后，卵膜因胃酸作用被破坏，六钩蚴逸出，钻入肠黏膜血管，随血流达到全身各组织，逐渐生长发育成棘球蚴。最常见的寄生部位是肝脏和肺脏。

（三）流行特点

棘球蚴病以绵羊感染率最高，牦牛也感染，人也可感染。牧区狗、狼、狐狸较多，到处散播虫卵，使污染范围扩大，感染概率增加。该病近年在牧区有上升趋势。

（四）症 状

若棘球蚴在肺时，病畜长期呼吸困难和咳嗽。严重感染时，咳嗽发作，病羊躺在地上不能立即起立。

当肝脏受侵袭时，叩诊可发现浊音区扩大，触诊浊音区时，羊表现疼痛。慢性瘤胃臌气，消瘦无力。

（五）诊 断

（1）严重病例可依靠症状诊断。
（2）用 X 射线和超声检查进行确诊。
（3）酶联免疫吸附试验。

（六）防治措施

目前尚无有效治疗方法，主要应做好预防。预防的主要措施是：① 消灭野狗，给狗定期驱虫，驱虫后做好狗粪便的无害化处理。② 加强肉品检验工作，有病器官按规定处理，以免被狗、狼、狐狸吃掉，控制传染源。③ 人严禁吃生肉。

七、牦牛、藏系绵羊脑包虫病

脑包虫病又称脑多头蚴病，是由多头绦虫的幼虫寄生于牦牛、绵羊的脑部引起的一种寄生虫病。以强迫运动——转圈或前冲、后退为特征。

（一）病原（图 2-9）

脑多头蚴的虫体为球形包囊，囊内部充满透明液体，由黄豆大到鸡蛋大，囊液内有许多原头蚴。

图 2-9　脑多头蚴

（二）生活史

多头绦虫的终末宿主为肉食动物，中间宿主为牦牛、绵羊。成虫寄生在终末宿主的小肠内，孕卵节片随粪便排出体外，污染饲草和饮水，被中间宿主食入，在消化管内逸出六钩蚴，六钩蚴穿过肠壁，随血液循环达到脑部，发育成多头蚴。主要感染绵羊，牦牛也有感染。

（三）流行特点

牧区的牛羊与犬多头蚴接触，给脑多头蚴病流行创造了条件。犬吃了含有多头蚴的牛羊头被感染，被感染的犬又不断向外界排放孕卵节片，污染环境，这就构成了脑包虫病流行链。一年四季均可发生。

（四）症　状

感染初期病畜表现体温升高，脉搏、呼吸加快，强烈兴奋，病畜做回旋或前冲、后退运动。

后期由于多头蚴寄生部位的不同表现的症状也有所不同。

（1）寄生在大脑半球的侧面时，病羊常把头偏向一侧，向着寄生的一侧转圈。病情越重的，转的圈子越小。有时患部对侧的眼睛失明。

（2）寄生在大脑额叶时，羊头低向胸部，走路时膝部抬高，或沿直线前行。碰到障碍物不能再走时，即把头抵在障碍物上，站立不动。

（3）寄生在大脑枕叶时，头向后仰。

（4）寄生在脑室内时，病羊向后退行。

（5）寄生在小脑内时，病羊神经过敏，易于疲倦，步态僵硬，最后瘫痪。

（6）寄生在脑的表面时，颅骨可因受到压力变得薄而软，甚至发生穿孔。

（7）寄生在腰部脊髓内时，后肢、直肠及膀胱发生麻痹。同时食欲无常，身体消瘦，最后因贫血和体力不支发生死亡。

（五）诊　断

（1）根据临床典型症状容易确诊。

（2）实验室诊断可用变态反应诊断。

（六）防治措施

1. 预　防

（1）加强犬的管理，不让犬吃到带有多头蚴的牛羊的头。

（2）把死于该病的牛羊头割掉深埋或焚烧。

（3）对犬进行定期驱虫时拴好犬，做好粪便的集中无害化处理。

2. 治 疗

（1）本病的治疗主要采用手术摘除。

（2）药物治疗：吡喹酮，按 50 mg/kg 体重，1 次/天，连用 5 d。

八、牦牛、藏系绵羊螨虫病

螨虫病是由疥螨和痒螨寄生在牦牛、绵羊体表而引起的体外寄生虫病。以剧痒、皮肤结痂和脱毛为特征。

（一）病 原

疥螨呈龟形，淡黄色，背面粗糙隆起，腹面平滑。有 4 对足。卵呈椭圆形。

痒螨呈长椭圆形，背面有细皱纹，腹面平滑。有 4 对足。卵呈椭圆形。

（二）生活史（图 2-10）

1. 疥 螨

疥螨的发育过程包括虫卵、幼虫、若虫、成虫 4 个阶段。成虫在皮肤内挖掘隧道，每隔一段向皮肤表面开一个小孔，供通气和幼虫出入，雌虫在隧道内产卵，卵在隧道内孵化出幼虫，幼虫爬出皮肤，在皮肤上挖穴孔，并在穴孔内蜕变为若虫，若虫钻入皮肤挖掘穴道，在穴道内蜕变为成虫。平均 15～21 d 完成一个发育周期。

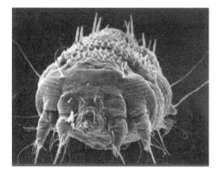

图 2-10 螨的生活史

2. 痒 螨

痒螨寄生于皮肤表面，不挖掘隧道。发育全过程同疥螨一样分 4 个阶段，全部在体表完成。螨的一生都寄生在动物体上，如果离开了动物体，生命将受到威胁。

（三）流行特点

传染源为病畜，通过直接或间接接触传播。以秋末至春初的寒冷季节传播最快。对绵羊的危害最严重，羔羊较成年羊易感。

（四）症 状

发病先从牛羊的面部（嘴唇四周、眼圈和鼻背）、颈部、背部、尾根等被毛较短的部位开始，病情严重时，可遍及全身。病初患部剧痒，接着出现丘疹、水泡、脓泡，被毛脱落，最后皮肤干裂，呈白石灰状。

（五）诊 断

（1）根据临床症状和流行特点可做出初步诊断。

（2）实验室诊断：刮取患部边缘皮屑在载玻片上，滴加 50% 甘油，盖上载玻片，镜检发现虫体即可确诊。

（六）防治措施

1. 预 防

（1）加强饲养管理，不要使畜群过于密集，保持圈舍干燥、卫生，用具定期消毒。

（2）定期药浴或用溴氰菊脂乳剂 100 mL 加水 10 kg 喷雾，每月 2 次。

2. 治 疗

（1）用双甲脒 10 mL 加 500 mL 水涂擦患部。每天 1 次，连续 2～3 d。

（2）阿维菌素或伊维菌素，0.2～0.3 mg/kg 体重，一次皮下注射。

九、牦牛、藏系绵羊蜱病

蜱的种类很多，包括硬蜱和软蜱。蜱病是由蜱寄生在牦牛、绵羊体表而引起的体外寄生虫病。以瘙痒、渐进性消瘦和贫血为特征。

（一）病原（图 2-11）

1. 硬 蜱

硬蜱的躯体呈袋状，大多褐色，两侧对称。雄蜱背面的盾板几乎覆盖整个背面，雌蜱的盾板仅占体背前部的一部分，有的蜱在盾板后缘形成不同花饰，称为缘垛。腹面有4对足，每足6节，即基节、转节、股节、胫节、后跗节和跗节。

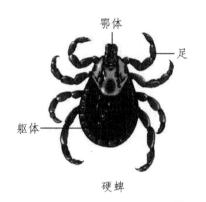

硬蜱　　　　　　　　　　　　　　　软蜱

图 2-11　蜱

2. 软　蜱

软蜱种类繁多。软蜱体形扁平，呈长椭圆形或长圆形，淡灰色、灰色或淡褐色，吸血后迅速膨胀。显著的特征为：躯体背面无盾板，有弹性的革状外皮，假头位于虫体前端腹面，假头基小，无孔区，有足。

（二）生活史

1. 硬　蜱

硬蜱是不全变态的节肢动物，其中发育过程有卵、幼虫、若虫和成虫阶段。硬蜱在动物体上交配，然后落地产卵。一生只产卵1次，但数量多达数千至上万个。虫卵小，呈圆形，黄褐色。卵在适宜条件下经幼虫、若虫发育为成熟的硬蜱。

2. 软　蜱

软蜱的发育也包括卵、幼虫、若虫和成虫阶段，整个发育过程需要 1 ~ 12 个月。软蜱吸血习性与硬蜱有很大不同，只在饥饿时才爬上动物体吸血（多在夜间），吸血后离开动物而隐蔽于洞穴、缝隙及巢窝。

（三）流行特点

牧区80%以上牦牛、绵羊都有本病，可见流行之广，危害之大。

（四）症　状

当大量蜱寄生于同一宿主时，可引起贫血，患病牛羊生长不良、掉膘。

（五）防治措施

1. 手工灭蜱

当畜体寄生的蜱数量较少时，可用人工手捉或用镊子拨下牛羊体表寄生的蜱，并处死。

2. 化学灭蜱

用化学药物杀死畜体体表、畜舍、环境中的蜱。

（1）畜舍灭蜱：用敌敌畏或灭害灵喷洒畜舍，不留死角。

（2）畜体灭蜱：用灭害灵乳剂或3%敌百虫溶液喷洒在畜体各部，能很快使蜱死亡落地。

（3）环境灭蜱：主要是指运动场和草场。最好划区轮牧，使蜱因吸不到血而死亡。

十、牦牛皮蝇蛆病

牦牛皮蝇蛆病是由牛皮蝇的幼虫寄生于牦牛背部皮下组织内的一种寄生虫病。以皮肤痛痒、患部皮肤隆起和皮肤穿孔形成瘘管为特征。

（一）病原（图2-12）

牛皮蝇成虫形似蜜蜂，体表密生有色长绒毛，背部前端和后端为淡黄色，中部为黑色。腹部前端为白色，中部为黑色，尾端为橙色。卵呈淡黄色，椭圆形，表面光滑，后端有一长柄附着于牛毛上。

图2-12　牛皮蝇

（二）生活史

牛皮蝇野居，自由生活，不叮咬动物，也不采食。牛皮蝇的雌虫夏季在牛的四肢上部、腹部、体侧的被毛上产卵。经 4 ~ 6 d，卵孵出幼虫后钻入皮内生存 9 ~ 11 个月。在此期间，幼虫在皮下组织中移行，在背部皮下形成包囊突起。幼虫在皮肤突起部位打孔呼吸。成熟的幼虫从皮里爬出，落地成蛹，1 ~ 2 个月后成蝇。整个发育期需一年时间。

（三）流行特点

牛皮蝇成蝇在每年 6 ~ 8 月出现，在牦牛身上产卵，成蝇的寿命只有 5 ~ 6 d，其他季节无牛皮蝇出现。

（四）症　状

牛皮蝇产卵时，引起牛只惊恐、蹴踢、狂奔，常引起流产和外伤，影响采食。幼虫钻入皮肤时引起痒痛；当移行到背部皮下时，引起结缔组织增生，皮肤穿孔、疼痛、肿胀，流出血液或脓汁，病牛消瘦、贫血。当幼虫移行入脑时，会出现神经症状，如运动障碍、麻痹、晕厥等。

（五）诊　断

根据临床症状不难诊断。当发现牛背部有隆起并流出脓液时，用手挤压隆起，幼虫即可从皮孔蹦出。

（六）防治措施

1. 预　防

（1）6 ~ 8 月，每隔半个月向牛体喷洒 1 次 3% 敌百虫溶液，防止牛皮蝇产卵，对牛舍、运动场定期除虫灭蝇。

（2）加强饲养管理，在牛皮蝇活动季节，尽量缩短白天放牧时间，减少牛被侵袭的机会。

2. 治　疗

（1）发现牛背上刚刚出现尚未穿孔的硬结时，涂擦 3% 敌百虫溶液，20 天涂 1 次。

（2）对皮肤已经穿孔的幼虫，可用针刺死，或用手挤出后杀死，伤口涂碘酊。

（3）阿维菌素或伊维菌素，0.2 mg/kg 体重，皮下注射，7 d 1 次，连用 2 次。

十一、藏系绵羊鼻蝇蛆病

绵羊鼻蝇蛆病是由羊鼻蝇的幼虫寄生于绵羊的鼻腔和鼻旁窦内引起的一种寄生虫病。以呼吸困难、打喷嚏、摇头、流脓性鼻液为特征。

（一）病原（图 2-13）

羊鼻蝇的成虫形似蜜蜂，长 10~12 mm，为深灰黑色。头大眼小，无口器。翅透明，腹部有黑色斑点。

初生幼虫为白色，长约 2 mm，幼虫的色泽随着生长而由白到黄，成熟后变为黑棕色。体长 1~3 cm。呈椭圆形，背面光滑拱起，腹面扁平，有多排小刺。

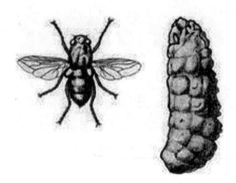

图 2-13　羊鼻蝇

（二）生活史

成蝇侵袭羊时在羊的鼻孔四周产幼虫，幼虫爬入鼻腔和副额窦内，以口钩固定在黏膜上，到次年春天发育成第三期幼虫，幼虫在向鼻孔移行的过程中，引起羊打喷嚏，将幼虫喷出，钻入土壤中化蛹，蛹羽化为蝇。蝇的寿命为 2~3 周。

（三）流行特点

成蝇野居，5~9 月份为最活跃期，在晴朗无风的白天飞出侵袭羊只，成蝇直接产生幼虫。

（四）症　状

（1）成蝇侵袭羊群时，羊群为了躲避侵袭，四处奔跑、彼此拥挤在一起，或一只羊把鼻子藏在另一羊的腿中间，或者避于树荫下。

（2）鼻孔周围有黏液性鼻液，干涸后堵塞鼻孔，引起羊呼吸困难，打喷嚏，甩鼻子，用鼻端在地上磨擦。

（3）病羊食欲减退，渐进性消瘦，眼睑浮肿，流泪。

（4）如果第一期幼虫钻入颅腔，使脑膜发炎或受损，出现运动失调和痉挛等神经症状。类似多头蚴病的症状。

（五）诊　断

根据临床症状、流行特点和鼻腔剖检可以确诊。

（六）防治措施

1. 预　防

在成蝇活跃期，用3%～5%敌百虫溶液每天晚上对羊舍及周围环境进行喷洒，消灭隐藏的成蝇。

在成蝇侵袭季节，用1%敌敌畏软膏涂于羊鼻孔周围，4～5 d一次，防止成蝇侵袭。

2. 治　疗

（1）肌肉注射伊维菌素，剂量按 0.2 mg/kg 体重计算。

（2）在羊鼻蝇幼虫钻入鼻腔深处时，喷入 3%敌百虫溶液冲洗鼻腔，杀死幼虫。

第三章　牦牛、藏系绵羊常见营养代谢疾病

一、牦牛、藏系绵羊维生素 A 缺乏症

维生素 A 缺乏症是由维生素 A 缺乏所引起的营养代谢性疾病。以生长发育不良、视觉障碍和器官黏膜损害为特征。本症多发生于幼畜。

（一）病　因

（1）高原牧区草场返青时间晚，牛羊长期采食低劣牧草。

（2）饲料调制和收藏不善，贮备干草质量差。

（3）慢性胃肠疾病也能促进本病的发生。

（二）症　状

牛羊多发生于幼畜，初呈夜盲症，进而流泪，眼分泌物增多、角膜浑浊，甚至失明；共济失调、衰弱、步态不稳、惊厥。有的有腹泻、肾炎、膀胱炎、尿结石等。

（三）诊　断

根据临床症状和病史可以诊断。

（四）防治措施

1. 预　防

（1）牧草贮备：晒干打捆堆放，防止发霉、腐败。

（2）在饲料中添加维生素 A 制剂或补充电解多维。

（3）饲喂富含维生素 A 的饲料，如胡萝卜、黄玉米、青草等。

2. 治　疗

（1）直接灌服鱼肝油液，大家畜 20～30 mL，中小动物 5～10 mL。

（2）病情严重的可用维生素 AD 注射液进行肌肉注射，牛 5～10 mL，羊 2～3 mL，每天 1～2 次。

二、犊牛、藏系羔羊佝偻病

佝偻病是犊牛、羔羊钙、磷代谢障碍引起骨组织发育不良的一种营养代谢性疾病。以消化机能紊乱、异嗜、惊恐不安、跛行和骨骼变形为特征。

（一）病 因

（1）母畜长期采食维生素 A、D 含量不足的饲料。

（2）犊牛、羔羊缺乏足够的阳光照射，致使机体合成的维生素 A、D 不足。

（3）饲料中钙、磷比例不当或缺乏，钙磷正常比例为 1.5～2∶1。

（4）钙磷吸收障碍或损失过多，慢性消化道疾病、长期腹泻等。

（二）症状（图 3-1）

早期表现为食欲减退，消化不良，精神沉郁，经常不愿站立和运动，然后出现异嗜，生长缓慢，消瘦，出牙迟缓，四肢各关节肿大，脊柱变形；站立时拱背，呈现前肢"O"型腿，后肢"X"型腿，跛行。有的呼吸困难，重病牛出现神经症状，抽搐，痉挛，易发生骨折。后期死于褥疮、败血症或呼吸道、消化道感染。

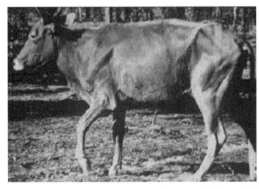 

图 3-1　犊牛、藏系羔羊佝偻病症状

（三）诊 断

（1）根据临床症状和饲养管理条件可以诊断。

（2）X 线诊断：透视或照片时可见骨质密度降低，可以诊断。

（四）防治措施

1. 预 防

（1）加强怀孕母畜和泌乳母畜的饲养管理，饲料中应含有较丰富的蛋白质、维生素 D 和钙、磷，并注意钙、磷配合比例，供给充足的青绿饲料和青干草，补喂骨粉，增加运动和日照时间。

（2）幼畜饲养更应注意，有条件的喂给干苜蓿、胡萝卜、青草等青绿多汁的饲料，并按需要量添加食盐、骨粉、各种微量元素等。

2. 治　疗

（1）维生素 A、D 疗法：用维生素 A、D 注射液 3 mL 肌肉注射；精制鱼肝油 3 mL 灌服或肌肉注射。

（2）钙剂疗法：可用 10%氯化钙、10%葡萄糖酸钙注射液 5~10 mL 静脉注射。

（3）对症治疗：根据不同的症状采取相应的治疗措施。

三、牦牛、藏系绵羊牧草痉挛症

牧草痉挛症又叫低镁痉挛症（青草瘟），放牧幼畜由于采食了低镁的幼嫩牧草引起的一种矿物质代谢障碍性疾病。以血镁浓度降低，感觉过敏，共济失调，先痉挛，后惊厥及知觉消失为特征。

（一）病　因

（1）牦牛、绵羊在漫长的草场枯黄期里采食枯黄牧草，牧草含镁、钙缺乏；在牧草返青季节，牦牛、绵羊放牧在幼嫩青草的草场，牧草水分过多，加之镁缺乏。

（2）地方性缺镁导致牧草含镁减少。

（3）镁缺少而引起的镁、钾、钙、磷比例失调是本病发生的主要原因。

（二）症　状

1. 急性型

病畜表示兴奋不安，离群独居，四肢震颤，牙关紧闭，口吐白沫，心动过速，直至全身阵发性痉挛，粪尿失禁。治疗不及时则很快死亡。

2. 慢性型

病初食欲减退，易惊恐，走路缓慢，运动不便，倒地，最后常因全身肌肉抽搐病情恶化而死亡。

（三）诊　断

（1）根据临床症状和病史可初步诊断。

（2）测定血镁含量：血镁含量在 1.1~1.8 mg 为轻症，0.6~1.0 mg 为重症，0.5 mg 以下为重大型。

（四）防治措施

1. 预　防

（1）加强饲养管理，不要将幼畜放牧到牧草刚生长的草场。

（2）饲喂营养性舔砖。

（3）增加干草饲喂量。

2. 治　疗

（1）用 10%硫酸镁注射液 100～200 mL，牛 1 次迟缓静脉注射，病羊的用量为牛用量的 1/10。

（2）氯化镁 15 g、氯化钙 35 g，溶于 1 000 mL 蒸馏水中，灭菌后缓慢静脉注射。

四、牦牛、藏系绵羊硒-维生素 E 缺乏症

硒-维生素 E 缺乏症是羔羊和犊牛体内缺乏硒及维生素 E 所引起的一种地方性营养代谢性疾病，以心肌营养不良、肌肉变性为特征，也称白肌病。

（一）病　因

饲草、饲料中硒和维生素 E 缺乏或不足所致。

（二）症　状

症状严重者多不表现症状而突然倒地死亡。心肌性白肌病可见心跳加快、节律不齐、间歇和舒张期杂音以及呼吸急促或呼吸困难。骨骼肌性白肌病羔羊运动失调，表现为不愿走动、喜卧，行走时步态不稳、破行，严重者起立困难，站立时肌肉僵直。部分病羔羊拉稀。

（三）诊　断

（1）根据地方缺硒病史、临床表现及病理剖检的特殊病变可以诊断。

（2）根据牧民的经验，把羔羊抱起，轻轻掷下，健壮羔羊立即跑走，但病羊则稍停片刻才向前跑走，用此法可作为早期诊断的依据。

（四）防治措施

1. 预　防

（1）不要在缺硒地区放牧。

（2）注意在母羊和羔羊饲料中添加硒。

（3）新生羔羊出生后 10 d 左右就可用 0.2%亚硒酸钠注射液 1 mL 注射一次，间隔 20 d 后，用 1.5 mL 再注射一次。

（4）怀孕后期母羊皮下注射一次亚硒酸钠，用量为 4~6 mg，也可预防所生羔羊发生白肌病。

2. 治　疗

发病羔羊，用 0.2%亚硒酸钠注射液 1.5~2 mL/只皮下注射。还可用维生素 E 10~15 mg，皮下或肌肉注射，每天 1 次，连用数次。

五、牦牛、藏系绵羊营养性衰弱症（营养不良）

营养性衰弱症是牦牛、绵羊经过漫长的枯草季节，营养物质缺乏所引起的营养不良综合征。

（一）病　因

（1）牧区长期枯草季节放牧、牧草质量不佳。
（2）饲草贮备不足、冬季补饲不足。
（3）慢性胃肠道疾病，如腹泻。

（二）症　状

病畜呈进行性消瘦和贫血，虚弱无力，容易疲劳，全身肌肉萎缩，脊柱、肋骨、肩胛骨和荐骨显露，被毛粗乱干枯，皮肤多屑，皮肤弹力降低，精神不振，喜卧厌站，可视黏膜苍白。心跳无力，稍遇运动即见加快。虽能进食，但咀嚼无力，胃肠运动减弱，呼吸无力，体温低于正常。有的病畜颌下、胸腹下部及四肢下部等处水肿。

（三）治　疗

1. 营养疗法

最初给予易于消化的优质青、干草及多汁饲料，并补给适量糖分（红糖、葡萄糖）和蛋白质（豆浆）。应多次少量，补料时随消化机能增强而增多。

2. 药物疗法

辅助葡萄糖、水解蛋白质，补给铁制剂及维生素，病情严重时，可考虑输注右旋糖酐或输血。

3. 加强护理

尽量避免牛羊饮用过多的冰水。

第四章 牦牛、藏系绵羊常见中毒病

第一节 中毒病的基础知识

一、中毒的概念

毒物侵入机体，引起相应的病理过程甚至危害生命的过程称中毒。由于毒物引起的家畜疾病称中毒病。本章所说的中毒主要是指外源性中毒，不包括体内因微生物感染而发生的肠毒血症、脓毒败血症，也不包括因代谢障碍引起的自体酸中毒、碱中毒、酮血症等内源性中毒。

二、中毒病的分类

按毒物的来源，中毒性疾病分为：有毒植物中毒、饲料中毒、农药中毒、化学物质中毒、药物中毒和有毒气体中毒。

三、中毒病的一般症状

毒物不同，中毒后的症状不完全相同，但也有相似的一般症状，可概括为：

（1）消化系统表现流涎、呕吐、腹泻、腹痛，采食和胃肠机能紊乱。反刍动物有不同程度的臌气，反刍减少或停止。

（2）神经系统表现为兴奋或抑制、痉挛、麻痹等。

（3）循环系统表现是心跳加快，节律不齐，呼吸障碍。

（4）泌尿系统表现为少尿、血尿和尿闭等。

（5）可视黏膜发绀，瞳孔缩小或散大，体温偏低。

四、中毒病的诊断方法

1. 病史调查

向有关人员询问发病时间、地点、数量，发病后患畜的表现、死亡头数，是否经过抢救，用过什么药，疗效怎样。饲料和饮水来源，近期是否杀虫、灭鼠。周围邻居的牛羊是否或先后发病。

2. 现场调查

深入发病现场，调查畜舍、运动场、饲料库是否放过农药，饲料是否霉变，同时还要考虑是否有人故意投毒。

3. 病畜检查

检查病畜各系统变化及临床症状，是否有中毒病的典型症状。

4. 尸体检查

对死亡家畜进行剖检，注意胃内容物、肝脏及其他器官的病理变化，并做好记录。同时采集病料（胃内容物）送实验室检查。

5. 实验室诊断

对采集的病料有目的地确定实验检查项目，进行实验室检查。

五、中毒病的抢救原则

1. 脱离毒源

对有中毒症状的畜群进行转移，脱离现场，防止家畜继续与毒物接触。

2. 排出毒物

对未吸收的毒物用洗胃、催吐、吸附、泻下等方法使毒物尽量排出。

3. 特异解毒

对已被确定的毒物引起的中毒病，根据毒物的化学性质，应用特异解毒药物进行抢救治疗。

4. 一般措施

一般措施包括：保护性解毒、吸附性解毒、沉淀解毒和对症治疗。

（1）保护性解毒　对严重损伤消化管黏膜的毒物引起的中毒病，可内服黏浆剂保护消化管黏膜，如豆浆、米汤等。对肝损伤严重的毒物引起的中毒病，可静脉注射葡萄糖保护肝脏。

（2）吸附性解毒　对生物碱或金属元素引起的中毒病，可内服药用碳吸附毒物，减少毒物吸收，然后内服泻剂将毒物排出。

（3）沉淀解毒　对金属或生物碱引起的中毒病，可内服牛奶、蛋清、豆浆等将毒物沉淀。

（4）对症治疗　使用强心补液、镇静解痉、抗酸中毒等药物进行治疗。

5. 加强护理

保持病畜安静，给予富含维生素、蛋白质和糖的青绿饲草、优质饲料和清洁饮水。注意防暑、防寒，促进病畜早日康复。

六、中毒病的抢救程序

（1）向畜主询问病史。

（2）对病畜进行检查，采集病料送实验室检查，迅速做出正确诊断。

（3）洗胃、注射特异解毒药。

（4）洗胃结束后灌服吸附药、泻药，然后输液等对症治疗。

（5）填写病理记录。

（6）加强病畜护理。

第二节　牦牛、藏系绵羊中毒病

一、牦牛、藏系绵羊有机磷农药中毒

有机磷农药（图 4-1）中毒是由于牛羊误食了拌过农药的种子或者喷洒过农药的草料、农作物，或用有机磷农药驱杀体内外寄生虫等而引起的一种中毒病。以流涎吐沫、兴奋不安，肌肉震颤、瞳孔缩小为特征。

 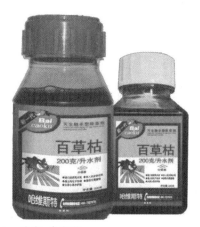

图 4-1　有机磷农药

（一）症　状

（1）流涎、吐沫，食欲减退或废绝，腹痛、腹泻，出汗，呼吸与心跳增数。

（2）肌肉震颤，兴奋不安，瞳孔缩小，视力减弱。最后昏迷倒地，大小便失禁。

（二）诊　断

（1）根据临床症状，尸体剖检胃内容物呈蒜臭味，可做出初步诊断。

（2）实验室诊断：可用胆碱酯酶活性试验或毒物检验确诊。

（三）防治措施

1. 预　防

（1）加强农药管理。

（2）加强农药使用知识宣传，提高群众安全使用农药的知识和技术。

（3）不要到喷洒过农药的地方放牧、割草。

2. 治　疗

（1）肌肉注射胆碱酯酶拮抗剂、阿托品，用法：牛 10～50 mg，羊 5～10 mg。每隔 1～2 h 重复一次。

（2）肌肉或静脉注射胆碱酯酶复活剂（解磷定、双复磷），15～30 mg/kg 体重，每隔 2～3 h 重复一次。

（3）强心保肝：使用 20%葡萄糖注射液静脉注射，同时加 10%～20%安钠咖 10～20 mL。

（4）对症治疗：根据病情酌情使用呼吸中枢兴奋药、镇静解痉药和抗感染药。

二、牦牛、藏系绵羊马铃薯中毒

马铃薯又叫"土豆""洋芋"。马铃薯中含有一种叫"龙葵碱"的毒素，一般成熟马铃薯的龙葵碱含量很少，不会引起中毒。但皮肉青紫发绿不成熟或发芽的马铃薯（图4-2）中，尤其在发芽的部位毒素含量高，吃了就容易引起中毒，以恶心、呕吐、腹痛、腹泻和神经功能紊乱为特征。

图 4-2　有毒的马铃薯

（一）症　状

（1）初期兴奋不安，前冲后撞，继而运动障碍，共济失调，后躯无力，甚至麻痹死亡。

（2）病畜有明显的胃肠炎症状，流涎、剧烈腹泻，粪便中混有血液。

（3）在四肢末端和肛门周围发生湿疹和水泡性皮炎。绵羊发生贫血和尿毒症。

（二）诊　断

根据临床症状和病史可做出诊断

（三）防治措施

1. 预　防

（1）禁止食用发芽的、皮肉青紫的马铃薯。

（2）放牧时不要让牛羊接触垃圾堆放处。

2. 治　疗

（1）中毒后立即用浓茶或 0.1%高锰酸钾溶液洗胃，并内服 10%硫酸镁溶液 2 000 ~ 3 000 mL，使毒物尽快排出。

（2）轻度中毒可多饮糖盐水补充水分，并适当饮用食醋水。

（3）剧烈呕吐、腹痛者，可给予阿托品 0.3 ~ 0.5 mg，肌肉注射。

（4）对症治疗：强心补液，葡萄糖生理盐水 2 000 ~ 3 000 mL 加入 10%安钠咖 10 mL、5%碳酸氢钠 500 mL，一次性静脉注射。

三、牦牛、藏系绵羊酒糟中毒

牛羊酒糟中毒是因饲喂不当，长期饲喂或突然大量饲喂霉变酒糟（图 4-3）引起的中毒性疾病。

图 4-3　酒　糟

（一）症　状

病牛呈现出顽固性的前胃弛缓，食欲不振，瘤胃蠕动微弱，酸性产物在体内蓄积，致使矿物质吸收紊乱而导致缺钙现象，母牛屡配不孕、流产和骨质疏松，腹泻，消瘦。后肢系部皮肤肿胀、潮红，形成疮疹。水泡破裂出现溃疡面，上覆痂皮。患部经细菌感染，引起化脓或坏死，疼痛，跛行，或卧地不起。严重病例，皮炎可涉及全身，机体衰竭，最终因衰竭、败血症及其他并发症死亡。

（二）诊　断

根据临床症状和饲喂酒糟情况可做出初步诊断。

（三）防治措施

1. 预　防

（1）酒糟应喂新鲜的，不能贮放过久；贮存时防止霉败变质。

（2）饲喂酒糟时加入适量的碳酸氢钠，预防中毒。

2. 治　疗

首先应停喂酒糟，给予优质干草。药物治疗的原则是补充体液，缓解脱水；补碱以缓解酸中毒。

（1）碳酸氢钠 100~150 g，加水适量，1次灌服。每天一次，连用2~3 d。

（2）5%葡萄糖生理盐水 1 500~3 000 mL、25%葡萄糖溶液 500 mL、5%碳酸氢钠液 500~1 000 mL，1次静脉注射。

（3）甘露醇或山梨醇注射液 300~500 mL，一次静脉注射。可起到镇静作用。

（4）对症治疗应视机体表现进行，可用抗生素、强心剂、维生素治疗。

四、牦牛、藏系绵羊有毒牧草中毒症

在青草萌发或缺草时，牦牛误食有毒牧草（毒芹、棘豆草、乌头碱类植物、曼陀罗等）而中毒，特别是幼龄牦牛中毒较多。一般在采食毒草约1 h后出现中毒症状。

（一）毒芹中毒

毒芹（又名野芹菜），如图4-4所示。

1. 症　状

误食毒芹后不久，病畜全身战栗，从口鼻中流出白色泡沫，腹痛、腹围增大，严重时便血、尿频、嗜睡、四肢无力，进而四肢麻痹，反应迟钝，瞳孔散大，常因呼吸肌麻痹窒息而死。

图 4-4 毒 芹

2. 诊 断

根据病史和临床症状可以诊断。

3. 防治措施

（1）口服 3%～5%鞣酸溶液或 0.1%高锰酸钾溶液洗胃。

（2）洗胃后可喂适量的鸡蛋或牛奶，再口服盐类泻剂导泻。

（3）静脉补液，促进毒物排泄，10%～25%葡萄糖注射液 1 000～3 000 mL，加 10%～20%安钠咖 10～20 mL。

（4）中枢性麻痹、呼吸衰竭者给予呼吸兴奋剂。

（5）肌肉注射阿托品：牛 5 mL、羊 2 mL。

（二）棘豆草中毒

棘豆草有数百种，其中部分棘豆草有毒，以小花棘豆和黄花棘豆的毒性最强（图 4-5）。

图 4-5 有毒的棘豆草

1. 症 状

（1）羊中毒后精神沉郁，弓背站立，行走时盲目运动，后肢僵硬；严重时卧地不起，角弓反张，头部抽搐死亡。

（2）牛中毒后渐进性消瘦，四肢僵硬，行走不稳，下颌浮肿，瞳孔散大。

2. 诊 断

根据临床症状和长期采食棘豆草病史可做出诊断。

3. 防治措施

（1）人工除去草场中的棘豆草，防止牛羊采食棘豆草。

（2）病初喂适量的鸡蛋或牛奶后再内服盐类泻剂以排出毒物。

（3）静脉注射 25% 葡萄糖液 500 ~ 1 000 mL，加入 15% 硫代硫酸钠液 40 mL。

（4）皮下注射硝酸毛果芸香碱，牛 2 ~ 5 mL，羊 2 mL。

（三）乌头碱类植物中毒

乌头碱类植物包括乌头、铁棒七等（图 4-6）。

图 4-7　乌头碱类植物

1. 症 状

乌头碱类植物中毒后主要表现迷走神经强烈兴奋，出现流涎、呕吐、腹痛、腹泻、呻吟不安，从头部、四肢到全身感觉逐渐减弱，抽搐昏迷，休克，最后呼吸衰竭而死亡。

2. 诊 断

根据临床症状和长期采食乌头碱类植物病史可做出诊断。

3. 防治措施

（1）用 0.1% 高锰酸钾溶液洗胃，洗胃后可喂适量的鸡蛋或牛奶。

（2）内服盐类泻药，促进毒物排出。

（3）肌肉注射阿托品：牛 5 mL、羊 2 mL。

（4）中药：绿豆 500 g、甘草 120 g，打浆，加水，一次灌服。

（四）曼陀罗中毒

曼陀罗又名洋金花、醉仙草，老百姓又叫臭老婆子（图4-7）。

图 4-7　曼陀罗

1. 症　状

常于食后半小时至1 h出现症状，为副交感神经系统的抑制和中枢神经系统的兴奋，与阿托品中毒症状相似，口干、吞咽困难、声音嘶哑、皮肤干燥、潮红、发热，心跳增快、呼吸加深、烦躁不安、肌肉抽搐、共济失调或痉挛。严重者在 12～24 h 后进入昏睡、痉挛、发绀，最后昏迷死亡。

2. 诊　断

根据临床症状和长期采食曼陀罗病史可做出诊断。

3. 防治措施

（1）拮抗剂：用3%硝酸毛果芸香碱溶液皮下注射，以拮抗莨菪碱作用，15 min 一次，直至瞳孔缩小、对光反射出现，口腔黏膜湿润为止。

（2）对症治疗：烦躁不安或惊厥时可给予氯丙嗪、水合氯醛、苯巴比妥、安定等镇静剂，但忌用吗啡或长效巴比妥类，以防增加中枢神经的抑制作用。

（3）洗胃、导泻：以 0.1%高锰酸钾溶液洗胃，然后以硫酸镁导泻，迅速清除毒物，减少体内吸收。

（4）中药：绿豆500 g、甘草120 g、打浆、加水、一次灌服。

五、牦牛、藏系绵羊饲料性酸中毒

饲料性酸中毒是牛羊采食大量的精饲料而引起的中毒性疾病。以瘤胃积食和瘤胃积水为特征。

（一）病　因

（1）偷吃大量的精料。

（2）育肥时精料过多，粗料过少。

（二）症　状

（1）病初精神沉郁，食欲废绝，瘤胃蠕动减弱，反刍停止；瘤胃积食，触压呈生面团状。

（2）随着病程延长，饮欲增加，精神高度沉郁，病牛卧地不起，呻吟；瘤胃积水，触压或用拳头冲击瘤胃，呈水袋状。

（三）诊　断

根据采食精料史和症状可做出诊断。

（四）防治措施

1. 预　防

（1）保管好精料，防止牛羊偷吃。严禁用猪饲料喂牛羊。

（2）育肥时注意精粗饲料配合比例。

2. 治　疗

（1）牛：碳酸氢钠粉 100～150 g、姜粉 10 g、酵母片 200～300 片，加水 500～1 000 mL，一次内服。每天 1～2 次，连续 2～3 d。羊用 1/3 量。

（2）5% 碳酸氢钠注射液，牛 2 000～3 000 mL，羊 300～500 mL，一次静脉注射，每天 2 次，连用 2～3 d。

第五章 牦牛、藏系绵羊常见内科病

一、牦牛、藏系绵羊口炎

口炎是口腔黏膜炎症的总称，是由物理的、化学的、机械的或生物的因素引起的口腔黏膜的炎症。以口腔黏膜潮红、水泡、溃疡、流涎、采食困难、咀嚼障碍为特征。

（一）病　因

1. 机械损伤

粗硬尖锐饲料、尖锐的牙齿损伤口腔黏膜。

2. 化学损伤

口服刺激性、腐蚀性或有毒饲料损伤口腔黏膜。

3. 生物因素损伤

采食腐败饲料或口腔不洁细菌感染损伤口腔黏膜。

（二）症状（图 5-1）

（1）采食困难、咀嚼缓慢或不敢咀嚼，只采食柔软饲料，拒绝粗硬饲料。
（2）流涎，口角附着白色泡沫。
（3）口腔检查时发现黏膜潮红、肿胀疼痛或水泡、溃疡，口温增高。

图 5-1　牦牛、藏系绵羊口炎症状

（三）防治措施

1. 预 防

（1）不用粗硬饲料喂牛羊。

（2）不经口投喂刺激性、腐蚀性或有毒饲料。

2. 治 疗

（1）冲洗法：用 1%食盐水、0.1%高锰酸钾溶液冲洗口腔。每天冲洗 2～3 次。

（2）涂抹法：涂擦碘酊甘油（5%碘酊 1 份、甘油 9 份）或 2%硼酸甘油、1%磺胺甘油于患部。也可用紫药水。

（3）撒布法：将青霉素、磺胺嘧啶钠、冰硼散等药物直接撒布于口腔黏膜上。

二、牦牛、藏系绵羊前胃弛缓

前胃弛缓是牛羊前胃兴奋性和收缩力量降低的疾病。以食欲、反刍减少，嗳气紊乱，胃蠕动减弱或停止为特征。可继发酸中毒。

（一）病 因

1. 饲养不当

食入过量不易消化的粗饲料。饲喂霉变、冰冻饲料。饲料突变或饲料单一维生素缺乏。日粮配合不当，营养缺乏。

2. 管理不当

牛舍过于拥挤，运动不足，牛舍阴暗潮湿，或运输途中受寒、酷暑等引起应激反应。

3. 治疗用药不当

如长期大量服用抗生素或磺胺类等抗菌药物，瘤胃内正常微生物区系受到破坏，发生消化不良，造成医源性前胃弛缓。

4. 继发于其他疾病

如牙病、瘤胃臌气、瘤胃积食、瓣胃阻塞和热性疾病。

（二）症 状

（1）初期食欲减弱，反刍减少，嗳气酸臭，异食，体温正常，常常磨牙，粪便干燥，其中混有消化不全的饲料，表面附有黏液。

（2）以后排稀粪、味臭，食欲、反刍停止。有的表现时轻时重，间歇性瘤胃臌气。病程较长的，则逐渐形体消瘦、被毛粗乱、眼球凹陷、卧地不起等。

（3）瘤胃触诊内容物松软。

（4）听诊瘤胃蠕动音减弱或消失。

（三）诊 断

根据临床症状和发病史可做出诊断

（四）防治措施

1. 预 防

（1）加强饲养管理，合理调配饲料，更换饲料时要有一定的过渡期。

（2）及时治疗原发病。

2. 治 疗

（1）清理肠胃：可用硫酸钠 300～500 g，鱼石脂 20 g，酒精 50 mL，温水 6 000～10 000 mL，一次内服。或用石蜡油 1 000～2 000 mL，一次内服。

（2）增强前胃机能：新斯的明或氨甲酰胆碱，肌肉注射，注意不可超量使用，否则会引起急性死亡。

（3）恢复瘤胃菌群平衡：给病牛投喂从健康牛口中取得的反刍食团 10～20 个，或灌服健康牛瘤胃液 4～8 L，或酸奶、酸菜水、食醋、酵母片。

（4）防止脱水和自体中毒：口服糖盐水，或用 10%葡萄糖、5%碳酸氢钠，静脉注射。

附：牦牛异物性前胃弛缓

1. 病 因

长期食入塑料袋、塑料农膜、拖把、食品盒等。

2. 症 状

常发生于 2.5 岁以上的牛羊，食欲时好时坏，反刍减少，间歇性瘤胃臌气，触诊瘤胃有硬块，腹泻、便秘交替发生。

3. 治 疗

（1）常规治疗无多大效果或症状加重。

（2）手术治疗。

三、牦牛、藏系绵羊瘤胃积食

瘤胃积食是牛羊采食大量难消化、易膨胀的饲料而引起的疾病。以瘤胃内容物停滞、容积增大、胃壁扩张、瘤胃运动神经麻痹为特征。

（一）病　因

（1）饲养管理不当，牛过度饥饿，一次采食过多，又饮水不足。

（2）长期饲喂过量劣质粗硬饲料，在瘤胃内浸泡磨碎缓慢，瘤胃运动机能紊乱，内容物积聚而发病。

（3）过肥的牛或妊娠后期，因胃张力降低，瘤胃机能减弱而发病。

（4）也可继发于前胃弛缓、瓣胃阻塞等疾病。

（二）症　状

常在采食后数小时内发病，左侧中部腹壁明显增大，腹痛，拱背，常作排粪姿势，有少量粪便排出。听诊瘤胃蠕动音减弱或消失，触诊瘤胃内容物坚实。

（三）诊　断

根据临床症状，结合病史调查可以诊断。

（四）防治措施

1. 预　防

加强饲养管理，防止饥饿过食，避免突然更换饲料，粗饲料应加工软化后再喂，冬季应适当提高饮水的温度。

2. 治　疗

（1）如瘤胃内容物腐败发酵，可先插入胃管，用 0.1%高锰酸钾或 1%碳酸氢钠进行洗胃。

（2）内服泻剂：硫酸镁 300 g、鱼石脂 20 g，温水 4~5 L，一次内服。再用瘤胃兴奋药，即苦味酊 60 mL、稀盐酸 30 mL、酒精 100 mL、常水 500 mL，牛一次内服，每日 1 次，连用数日。

（3）病牛食欲废绝时，可静脉注射 25%葡萄糖液 500~1 000 mL；或灌服糖盐水，每日一次。

（4）为改善瘤胃的内环境，提高瘤胃内微生物的活力，可内服鸡蛋、豆浆、酸奶等。脱水时，静脉注射 5%葡萄糖生理盐水 4 L、5%碳酸氢钠 1 L。

（5）中药治疗：大黄 100 g、芒硝 250 g、厚朴 100 g，枳实、栀子各 50 g，黄芩 40 g，当归、山楂、郁李仁、火麻仁、莱菔子各 100 g，广木香 40 g，菜油 250 g 为引，煎水内服，或研为末开水冲服，分 2 次服。

四、牦牛、藏系绵羊瘤胃臌气

瘤胃臌气是牛羊采食大量易发酵的饲料，产生大量气体引起的一种疾病。以左肷部隆起、叩诊为鼓音、呼吸困难和黏膜发绀为特征。

（一）病　因

（1）牛羊采食大量易发酵产气的饲料、变质饲料或难消化的饲料，如霜冻饲料、多汁青草、苜蓿、豆苗、豆科籽实。

（2）继发于其他疾病，如前胃弛缓、瓣胃阻塞。

（二）症　状（图 5-2）

左侧肷部膨胀。病牛表现不安，时而躺下时而站起，一会儿踢腹，一会儿打滚。而且嘴边沾附许多泡沫，表现出呼吸极度困难的状态。有发病后经过数分钟就死的，也有经过 3～4 h 不死的。虽然临床症状各有不同，但如果不及时治疗，病牛就会因呼吸困难窒息而死亡。

图 5-2　牦牛、藏系绵羊瘤胃臌气症状

（三）诊　断

根据临床症状较易诊断。

（四）防治措施

1. 预　防

首先要加强饲养管理，避免突然到豆科草地去放牧，避免多给精料；在更换多汁饲料时一定要逐渐更换，避免突然改变饲料。

2. 治　疗

原则：急者治其标，缓者治其本。

（1）病情轻者，可用松节油 20 ~ 30 mL、鱼石脂 10 ~ 20 g、酒精 30 ~ 50 mL，温水适量，牛一次内服。

（2）穿刺放气：严重病例，用套管针穿刺放气（间歇性放气），防止窒息。放气后，为防止内容物发酵，宜用鱼石脂 15 ~ 25 g、酒精 100 mL、常水 1 000 mL，牛一次内服或套管针注入。

（3）泡沫性膨胀，以灭沫消胀为目的，宜内服消胀片，或者用菜油一次内服。

（4）排除胃内容物，可用盐类或油类泻剂（同瘤胃积食）。

（5）促进瘤胃蠕动，可皮下注射氨甲酰胆碱或新斯的明。

（6）中药，牛用消胀散或木香顺气散：陈皮、青皮、乌药、香附、半夏、枳壳、厚朴各 50 g，木香、砂仁各 20 g，肉桂、干姜、炙甘草各 10 g，研为末，开水冲温后一次服。

五、牦牛瓣胃阻塞

瓣胃阻塞又称百叶干，是牛羊采食不易消化的饲料，同时缺乏饮水，使饲料停滞于瓣胃内，水分被吸收而干涸，阻塞瓣胃引起的疾病。以大便干燥、鼻镜龟裂为特征。

（一）病　因

（1）长期饲喂粗硬不易消化的饲料，同时缺乏饮水。

（2）继发于前胃弛缓、瘤胃积食、热性病、生产瘫痪等。

（二）症　状

发病初期，病牛精神迟钝，前胃弛缓，食欲减退，便秘，瘤胃轻度膨胀。病情进一步发展，鼻镜干燥、龟裂，排粪减少，粪便干硬、色黑，呈算盘珠样，呼吸脉搏增数，体温升高，精神高度沉郁。最后，可因身体中毒、心力衰竭而死亡。

（三）诊　断

根据临床症状和病史可以诊断。同时要与其他前胃疾病进行鉴别诊断（表 5-1）。

表 5-1　牦牛瓣胃阻塞与其他前胃疾病比较

病名	问诊	视诊	触诊
前胃弛缓	长期饲喂难消化饲料	间歇性瘤胃臌气	瘤胃松软
瘤胃积食	病前暴食	左腹中下部膨	瘤胃坚实呈生面团状
瘤胃臌气	饲喂大量豆科饲料	左腹中上部膨大	瘤胃弹性增大
瘤胃阻塞	长期饲喂难消化饲料同时缺乏饮水	鼻镜龟裂大便干燥	右侧肩关节水平线下7 肋间敏感

（四）防治措施

1. 预　防

加强饲养管理，增加青绿多汁饲料，给予充足的饮水。

2. 治　疗

（1）牦牛瓣胃注射。在右侧倒数第 7 肋间，肩关节水平线与腹底壁水平线边线的中点，剪毛消毒，用瓣胃穿刺针略向前下方刺入 10～12 cm。如刺入正确，可见针头随呼吸动作而微微摆动。为确保针头刺入正确，可先注射生理盐水 5 mL，注完后立即回抽注射器，如果抽回的少量液体混有粪渣，证明已刺入瓣胃。然后将 10%硫酸钠溶液 3 000 mL、液体石蜡 500 mL 混合后一次注入瓣胃。

（2）投服液体石蜡 1 000～2 000 mL，或植物油 500～1 000 mL，或硫酸镁（或钠）400～500 g、常水 6 000～10 000 mL，一次灌服。

（3）氨甲酰胆碱 1～2 mg，皮下注射。但注意，体弱、妊娠母牛、心肺功能不全的病牛，忌用。

（4）10%氯化钠注射液 100～200 mL、10%安纳咖注射液 20 mL，一次静脉注射。

六、牦牛、藏系绵羊感冒

感冒是由气候突变、寒冷侵袭引起的急性、热性疾病。以鼻流清涕、咳嗽和发热为特征。

（一）病　因

（1）气候骤变，温差过大，机体受寒冷侵袭。
（2）放牧时雨淋风吹。

（二）症　状

（1）体温升高，精神沉郁，食欲减退，皮温不均，鼻汗时有时无。
（2）鼻流清涕，羞明流泪，咳嗽，打喷嚏。

（三）诊　断

根据症状和病史可做出诊断。

（四）防治措施

1. 预 防

加强饲养管理，增强机体抵抗能力，冬季防风吹、雨淋。

2. 治 疗

（1）青霉素 400 万单位、复方氨基比林 20 ~ 30 mL，混合肌注，每日 2 次。

（2）5%葡萄糖 1 000 ~ 1 500 mL、15%苯甲酸钠咖啡因 20 mL、10%维生素 C 30 mL，静脉注射。

（3）青霉素 400 万单位、柴胡 20 mL，混合肌注，每日 2 次，连用 2 ~ 3 d。

（4）中药治疗：风寒感冒用麻黄汤，风热感冒用银翘散。

七、牦牛、藏系绵羊支气管肺炎

支气管肺炎是肺小叶或小叶群因病菌感染而发生的炎症。以咳嗽、弛张热型、听诊有捻发音为特征。

（一）病 因

（1）感冒继发。

（2）抵抗力下降，病原感染。

（二）症 状

咳嗽、流鼻液，以弛张热型，呼吸频率增加，叩诊有散在浊音区，听诊有湿啰音为特征。

（三）诊 断

根据临床症状可做出诊断。

（四）防治措施

1. 预 防

加强饲养管理，增强机体抵抗能力，注意防寒保暖，防止感冒。

2. 治 疗

（1）抗菌消炎：用青、链霉素或其他磺胺类药物。

（2）制止渗出：5%氯化钙注射液 100 mL、10%安钠咖注射液 30 mL、10%葡萄糖注射液 500 ~ 1 000 mL，一次性静脉注射。

（3）中药。

处方一：麻黄 15 g、杏仁 8 g、生石膏 90 g、双花 30 g、连翘 30 g、黄芩 25 g、知母 25 g、元参 25 g、生地 25 g、麦冬 25 g、天花粉 25 g、桔梗 20 g。用法：研为末细，开水冲调，蜂蜜为引，一次灌服。

处方二（银翘散加减）：金银花 40 g、连翘 45 g、牛蒡子 60 g、杏仁 30 g、前胡 45 g、桔梗 60 g、薄荷 40 g。用法：研为细末，开水冲调，一次灌服。

第六章　牦牛、藏系绵羊常见产科疾病

一、牦牛、藏系绵羊难产

（一）概　述

难产是牛羊常见的产科疾病，往往由于得不到及时救助或救助不当，母子双亡，给畜牧业造成重大损失。作为一个畜牧兽医工作者，必须掌握难产的相关知识，学会正确的难产救助技术，才能更好地为牧业服务。

1. 与难产救助有关的基本概念

（1）胎向　是指胎儿的方向。即胎儿体纵轴与母体纵轴的关系，包括纵胎向、横胎向、竖胎向三种。纵胎向是指胎儿体纵轴与母体纵轴一致，即互相平行，为正常胎向。横胎向是指胎儿横卧于子宫内，胎儿体纵轴与母体纵轴水平垂直。竖胎向是指胎儿体纵轴与母体纵轴上下垂直。后两种为异常胎向，即横胎向和竖胎向都要引起难产。

（2）胎位　是指胎儿的位置。即胎儿的背部与母体的背部或腹部的关系，包括上胎位、下胎位、侧胎位。上胎位是胎儿伏卧在子宫内，背部在上，靠近母体的背部，为正常胎位。下胎位是胎儿仰卧在子宫内，背部向下，靠近母体的腹部。侧胎位是胎儿侧卧在子宫内，背部向着母体的左右腹壁。后两种为异常胎位，即下胎位和侧胎位都要引起难产。

（3）胎势　是指胎儿的姿势。也就是胎儿各部分是伸直的或屈曲的。正生时两前肢伸直并夹着头，倒生时两后肢伸直。

（4）前置　是指胎儿的某些部分和产道的关系，哪一部分向着产道，就叫哪部分前置。

（5）难产　是指胎儿不能顺利通过产道的分娩性疾病。

2. 难产的检查

（1）询问病史

① 预产期　向畜主询问是否到了产期，判断病畜属于流产、早产或难产。

② 年龄及胎次　问清病畜是初产或经产，判断母畜产道是否狭窄或胎儿是否异常。

③ 分娩过程如何　询问什么时候出现阵缩，是否破水。

④ 产畜过去有何病史　询问病畜是否发生过影响分娩的疾病。

⑤ 之前是否经过处理　询问处理情况如何。

（2）母畜的全身检查

① 主要从体温、脉搏、呼吸和精神状态等几个方面综合考虑。判断母畜是否经受得住复杂的手术。检查是否出现临产症状。

② 产道检查　主要检查阴道的松弛及润滑程度，子宫颈口是否松软和开张情况，骨盆腔有无变形，产道黏膜是否水肿、损伤等。

③ 产力检查　观察阵缩和努责情况，判断产力是否正常。

（3）胎儿检查　胎儿的胎位、胎势、胎向是否正常，胎儿大小，胎儿死活，胎儿进入产道深浅，从而决定采取哪种方法救助。

（4）术后检查　判断子宫内是否还有胎儿，子宫及软产道是否损伤，以决定救助工作是否结束和对病畜是否继续采取什么治疗措施。

（二）病　因

1. 母畜因素

母畜难产的主要原因是产道狭窄和产力不足。

2. 胎儿因素

包括胎位、胎势、胎向异常，胎儿过大，胎儿畸形等。

（三）症　状

（1）产期已到，出现阵缩和努责，羊膜已破，胎儿没有排出。

（2）羊水已经排出，第一种是从阴门中只露出胎儿的口部或头部，但不见两前肢或只有一前肢露出；第二种是露出一前肢或两前肢，不见头部露出；第三种是只露出一后肢或不见两后肢；第四种是阴道检查不见胎儿的任何部位。

（四）难产救助

1. 救助原则

（1）尽量保证母子双全，防止手术感染。

（2）救助手术尽早进行。

（3）尽量矫正，及时拉出胎儿。

2. 助产前准备

（1）将母畜处于前低后高的体位站立保定，如不能久站可行侧卧保定。

（2）将胎儿露出部分及母畜的会阴、尾根处用 0.1%高锰酸钾液冲洗。

（3）所需产科器械应做好消毒；并备有 2~3 条长约 3 m、直径约 0.8 cm 的柔软坚韧棉绳或两张毛巾用于牵拉胎儿。

3. 难产的助产手术

根据临产检查的结果决定救助的方法，通常有以下 4 种方法。

（1）胎儿牵引术。

适应征：① 胎儿过大。② 母畜阵缩和努责微弱。③ 轻度产道狭窄。④ 胎儿的胎位、胎势轻度异常。

注意事项：① 牵拉之前，应尽可能矫正胎儿的胎位、胎势及胎向。② 产道内必须灌入大量润滑油。③ 配合母畜的努责拉出胎儿。④ 拉出时注意活胎的保护。

（2）胎儿矫正术。

适应征：各种胎位、胎势、胎向异常的难产。

注意事项：① 将胎儿露出的部位推回子宫，矫正术必须在子宫内进行。② 必须向子宫内灌入大量润滑油。③ 难产时间长、子宫壁变薄，矫正时要小心。

（3）剖腹产手术。

适应征：胎儿活着时的几种情况：① 骨盆发育不全或骨盆变形性难产。② 胎儿过大。③ 阴道或子宫狭窄。④ 子宫捻转或子宫破裂。⑤ 怀孕期满，母畜患疾有生命危险，需剖腹抢救仔畜。

注意事项：按外科手术操作。

（4）截胎术。

适应征：无法矫正的死亡胎儿的难产。

注意事项：① 胎儿已死且矫正难度大时应及时考虑截胎。② 截胎尽可能在母畜站立下进行。③ 注意保护产道，避免器械损伤产道。

4. 助产后的护理

（1）胎儿护理。

① 擦干黏液：仔畜出生后连脐带一起尽快转移到安全的地方，用洁净的毛巾将仔畜口、鼻内的黏液掏除、擦干净。

② 断脐带：仔畜离开母体时，一般脐带会自行扯断，但仍拖着 20～40 cm 长的脐带，此时应及时人工断脐带。正确方法是先将脐带内的血液向仔畜腹部方向挤压，然后在距仔畜腹部 4～5 cm 处用手钝性掐断。钝性掐断时，脐带血管受到压迫而迅速闭合，一般断脐带后不会流血不止，不必结扎。断脐后用 5% 碘酊将脐带断部及仔畜脐带根部一并消毒。

③ 让母畜舔干仔畜身上的黏液，有利于增强母仔感情和促进胎衣排出。

④ 让仔畜及时吃上初乳：侍仔畜站立后，应让仔畜及早吃上初乳，一般不要超过 1 h，有利于胎衣排出。

⑤ 假死畜的急救：有的仔畜出生后全身发软、奄奄一息，甚至停止呼吸，但心脏仍在跳动，此种情况称为仔畜假死。假死仔畜的急救可采用 "人工呼吸法"：接产人员迅速将仔畜口腔内黏液掏出，擦干净其口鼻部，手握仔畜嘴，对准其鼻孔适度用力吹气，反复吹 20 次左右；也可以用两手握住其前后肢反复做腹部侧屈伸，直至其恢复自主呼吸。

（2）母畜护理。

① 预防感染。拉出胎畜后，用0.1%新洁尔灭溶液或高锰酸钾溶液冲洗产道及阴户周围，还可用青霉素粉或土霉素粉撒入产道。

② 如有出血，可肌注麦角新碱或止血剂。

③ 产后灌内服益母草、当归、生姜、黄糖水，有利于母畜体力恢复和胎衣排出。

④ 胎衣滞留时，应按胎衣不下治疗。

⑤ 产后多喂给易消化、营养丰富的青料。

（五）难产的预防

（1）加强饲养管理，做到适龄配种，妊娠期的母畜多喂富含矿物质和维生素的饲料。

（2）妊娠母畜适当运动，使胎儿活力旺盛，提高母畜子宫肌肉的收缩力，有利于胎儿娩出。

（3）进行临产检查，发现问题及时处理，防止难产的发生。

二、牦牛、藏系绵羊胎衣不下

胎衣不下是胎儿产出后，在正常时间内胎衣没有排出，以胎衣滞留、胎衣悬挂在阴门外为特征。牛正常时间一般不超过12 h，羊4~5 h。超过这个时间范围则为胎衣不下。

（一）病　因

（1）产后子宫收缩无力，饲料单一、母畜体弱或分娩时间过长都能引起子宫收缩无力。

（2）绒毛膜与子宫黏膜发生粘连。

（二）症状（图6-1）

（1）胎衣全部不下：胎衣全部留在子宫内。母畜拱背、收腹、举尾、后肢开张，无任何排出物。

图6-1　牦牛、藏系绵羊胎衣不下症状

（2）胎衣部分不下：部分胎膜悬吊于阴门外，变性褪色。

（三）防治措施

1. 预 防

（1）妊娠期的母畜多喂富含矿物质和维生素的饲料。

（2）产后尽量让母畜舔干幼畜身上的黏液。尽早让幼畜吃初乳或挤乳。

（3）产后灌内服益母草、当归、生姜、黄糖水，有利于母畜体力恢复和胎衣排出。

2. 治 疗

（1）当出现体温升高，产道有外伤或坏死时，应用抗生素做全身治疗。

（2）使用促进子宫收缩的药物，加快子宫内容物的排出。

（3）用 10% 盐水加少量高锰酸钾冲洗子宫，每天一次，连续 2 ~ 3 d。

（4）中药治疗：银花、连翘、益母草、蒲黄各 40 g，研为末，开水冲温后服，每天一剂，连服 2 ~ 3 d。

（5）手术剥离。

剥离牦牛胎衣时，术者手臂和家畜外阴用 0.1% 高锰酸钾溶液清洗干净，左手拉紧外露的胎衣，右手沿胎膜表面伸入子宫，触摸到子叶时，夹在食指与中指之间，用拇指向下压，三指合拢，用同样的方法逐个剥离，直至胎腹完全剥离。胎衣剥离后用 0.1% 高锰酸钾溶液冲洗子宫，待高锰酸钾液排出后，向子宫内注入青霉素 300 万 ~ 600 万 IU 稀释液。

三、牦牛、藏系绵羊子宫脱出

子宫脱出是指子宫的部分或全部脱出到阴门之外。以频频努责和阴门外露出囊状物为特征。

（一）病 因

（1）母畜体弱、衰老或运动不足。

（2）分娩时难产，强烈努责或助产时强力拉出胎儿，常常发生子宫脱出。

（二）症状（图 6-2）

牦牛多发孕角。轻度则无外部症状，凡母畜产后仍有努责的应予以检查，持续努责时，子宫内翻即发展为子宫脱出，有明显的外部症状。若治疗不及时，可能发生子宫损伤、出血、淤血、水肿、感染坏死，影响以后的受孕能力，或继发腹膜炎、败血症，表现严重的并发全身症状。

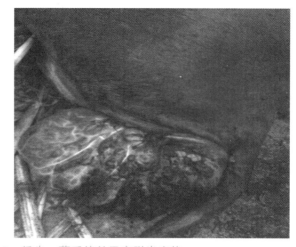

图 6-2　牦牛、藏系绵羊子宫脱出症状

（三）防治措施

1. 预　防

（1）加强饲养管理，给予营养充足的饲料，适当运动。

（2）在牛羊难产时，要尽早助产，防止子宫脱出。

2. 治　疗

（1）最好采取柱栏内站立保定，前低后高，用温的 0.1%高锰酸钾等消毒液充分清洗脱出的子宫及外阴周围，除去泥土、粪尿等污物，小心除净子宫上的胎衣和坏死组织，黏膜若有伤口应进行缝合，损伤部位涂碘甘油。注意保护好子叶，最后将整个脱出物涂上石蜡油，并用大纱布包裹。助手将纱布固定在阴门附近。

（2）整复，术者也可右手握成拳状，手臂伸直于子宫角尖端凹陷中，趁患畜不努责时用力将子宫角推回腹腔内。整复后术者手臂不可立即抽出，在子宫内停留 3～5 min，待子宫的温度恢复接近体温时，把手臂抽出。

（3）子宫内注入抗生素溶液，必要时可连续几天全身应用抗生素，预防感染。

（4）注射促进子宫收缩的药物。

（5）固定：在阴门处做 2 针圆枕缝合，然后用静脉注射针距阴门两侧 1 cm 处穿刺深度 10 cm，注入白酒各 20 mL，防止子宫再次脱出。

（6）中药治疗，用补中益气汤加减：黄芪 50 g、党参 30 g、白术 10 g、炙甘草 30 g、当归 30 g、陈皮 15 g、升麻 15 g、柴胡 15 g、生姜 10 g、大枣 10 g，煎水温后服。

四、牦牛、藏系绵羊产后瘫痪

产后瘫痪又称生产瘫痪，也称乳热病，是成年母畜分娩后突然发生的急性低血钙引起的一种营养代谢障碍病。以精神沉郁、全身肌肉无力、昏迷、瘫痪卧地不起为特征。

（一）病　因

产后瘫痪一般认为是由于钙的吸收减少和(或)排泄增多所引起的钙代谢急剧失调。三个因素可造成低钙血症：

（1）妊娠后期，动物处于钙的负平衡状态；

（2）钙不能迅速从钙库中被动员；

（3）分娩应激和初乳分泌加速了钙负平衡的进程。饲料中维生素 D 含量不足，钙、磷比例不当都可加速钙的负平衡。

（二）症状（图 6-3）

依据血钙降低的程度，本病可分为三个病程阶段：第一阶段，病牛食欲不振，反应迟钝，呈嗜眠状态，体温不高而两耳发凉，有的瞳孔散大。第二阶段，后肢僵硬，飞节过度伸展，站立摇晃，运动不稳而易跌倒，头部和四肢肌肉震颤，磨牙，有时表现短时间的兴奋不安，感觉过敏，大量出汗。第三阶段，软瘫，卧地不起，呈昏睡状态；先取伏卧姿势，头颈呈"S"形弯曲，抵于胸腹部，有时挣扎试图站起，而后取侧卧姿势，最终陷入昏迷状态，瞳孔散大，瞳孔对光反应消失；体温低下，鼻镜干燥，肢端发凉，呼吸缓慢。如不及时治疗，最后衰竭死亡。

图 6-3　牦牛、藏系绵羊产后瘫痪症状

（三）诊　断

（1）根据临床症状可以诊断。

（2）鉴别诊断：本病应与产前截瘫和酮血症相区别。

酮血症初期病畜兴奋，乳汁和呼出气体有烂苹果味，乳房送风法无反应。产前截瘫精神和食欲正常。

（四）防治措施

1. 预　防

（1）在干乳期，应避免钙摄入过多，防止镁摄入不足。

（2）控制精料的饲喂，并适当限制饲喂量，防止母牛过肥，混合精料每天不超过 3 ~ 4 kg，并保证有充足的干草。

（3）此期间使牛舍保持清洁，给牛以适当的运动。

（4）在产前 4 周至产后 1 周给牛喂骨粉，并且每天补充 60 g 氯化镁，这样可减少产后瘫痪的发病率。

2. 治 疗

（1）钙疗法：静脉注射钙剂是治疗本病的标准方法，静脉注射 5% ~ 10%氯化钙 100 ~ 300 mL 或葡萄糖酸钙溶液 400 ~ 600 mL，每天一次，连用 2 ~ 3 d。注射后 80%的病畜可即刻恢复。

（2）乳房送风疗法：其作用机理是通过向乳房内注入空气，刺激乳腺末梢神经，提高大脑皮质的兴奋性，从而抑制乳汁的分泌。

（3）对症疗法：瘤胃臌气时瘤胃穿刺，并注入制酵剂。伴有低磷血症和低镁血症的，可用 15%磷酸二氢钠 200 mL，15%硫酸镁 200 mL，静脉或皮下注射。

（4）中药牛膝散：延胡索 45 g、赤芍 45 g、没药 45 g、桃红 45 g、红花 21 g、牛膝 21 g、白术 21 g、丹皮 21 g、当归 21 g、川芎 21 g，研为末，开水冲温后灌服。每天一剂，连用 2 ~ 3 d。

或用独活寄生汤：独活 20 g、桑寄生 20 g、秦艽 15 g、防风 15 g、细辛 10 g、当归 20 g、白芍 15 g、川芎 10 g、生地 20 g、杜仲 20 g、牛膝 15 g、党参 20 g、茯苓 10 g、甘草 15 g，研为末，开水冲温后灌服。每天一剂，连用 2 ~ 3 d。

五、牦牛、藏系绵羊子宫内膜炎

子宫内膜炎是由病原菌引起子宫黏膜的黏液性和脓性炎症。以从阴道内排出絮状或脓性分泌物、发情不正常、不孕和流产为特征。子宫内膜炎是引起牛繁殖障碍的一个重要原因，也是影响奶牛生产的棘手问题之一。

（一）病 因

（1）配种、分娩和助产中消毒不严，引起细菌感染。
（2）继发于其他器官的炎症和其他传染病。

（二）症 状

1. 慢性子宫内膜炎

病牛一般不表现全身症状，有时体温略高，食欲、奶量下降，排出的发情黏液较正常时多，在透明黏液中夹杂有絮状碎片，发情周期正常，但屡配不孕，直肠检查，子宫角稍变粗，子宫壁变厚，收缩反应弱，两侧子宫角几乎对称。

2. 隐性子宫内膜炎

发情周期正常，发情黏液较多，有时略浑浊。直肠检查无任何变化。比较可靠的诊断是检查冲洗的回流液中有沉淀。

3. 子宫积脓

子宫内有大量脓性渗出物不能排出。直肠检查子宫有波动感，触压卵巢上有持久黄体，有的还有囊肿。

（三）诊　断

根据临床症状可以诊断。

（四）防治措施

1. 预　防

（1）配种、接产及助产时严格消毒。

（2）积极治疗其他生殖器官的炎症和布氏杆菌病。

2. 治　疗

（1）子宫冲洗液：用 1% 明矾水、0.1% 新洁尔灭、0.1% 呋喃西林液，冲洗之后通过直肠按摩使冲洗液排出，之后放抗生素或其他消炎药。

（2）严重全身症状时，为防止病情加重，冲洗后放抗生素或消炎药，同时全身应用抗生素或磺胺类药。用温热生理盐水（35～45 ℃）加青霉素 80 万单位或 1% 小苏打溶液冲洗子宫及阴道，可以提高受胎率。对慢性子宫内膜炎，一般用 0.02%～0.05% 高锰酸钾、淡复方碘溶液（每 100 mL 溶液含复方碘溶液 2～10 mL）及 0.01%～0.05% 新洁尔灭冲洗，用高渗盐水也有好的效果。冲洗之后可向子宫腔投抗菌防腐液或直接放入抗菌素胶囊，如氯霉素 2～4 g 或土霉素 2～4 g。

（3）子宫收缩剂：促进渗出物排出。

（4）对症疗法：强心、补液，调节碱平衡。

（5）中药治疗：银花、连翘、益母草、蒲黄各 40 g，研为末，开水冲温后服，每天一剂，连服 2～3 d。

六、牦牛、藏系绵羊乳房炎

乳房炎是由病原菌感染引起的乳腺炎症。以乳房肿大、疼痛、泌乳减少和乳汁变性为特征。

（一）病　因

（1）病原微生物的感染：链球菌、葡萄球菌、大肠杆菌等通过乳头管口侵入乳房，引起感染。

（2）机械性损伤：幼畜吮乳时用力碰撞和徒手挤乳方法不当，使乳腺损伤而感染。

（3）继发于其他疾病：如子宫内膜炎、布氏杆菌病、结核病等。

（二）症　状

1. 临床性乳房炎

主要发生于绵羊。乳房和乳汁均有肉眼可见的异常。轻度的乳房炎：乳汁中有絮片、凝块，有时呈水样。乳房轻度发热和疼痛，可能肿胀。重度乳房炎：患区急性肿胀，热、硬、疼痛，乳汁中有脓汁和血液，泌乳减少或停止；并出现体温升高、精神沉郁、食欲下降或废绝等全身症状。

2. 慢性乳房炎

通常由于急性乳房炎没有及时处理或持续感染，乳腺组织处于持续发炎状态，局部症状不明显，患区乳房组织弹性减低，泌乳量减少。

3. 隐性乳房炎

主要发生于牦牛。乳腺和乳汁通常都无肉眼可见变化，要用特殊的试验才能检出乳汁的变化。不显临床症状，可借助实验室检验进行诊断。

（三）诊　断

（1）通过病史和临床症状可以诊断。

（2）隐性乳房炎：取一滴被检奶于载玻片上，再滴加一滴 6%～9% 双氧水与奶混合，如短时间内产生气泡，为阳性。

（四）防治措施

1. 预　防

（1）保持畜舍及畜体卫生，减少感染机会。

（2）正确挤乳，挤乳前用温水洗净乳区，并按摩乳房，然后挤尽乳汁。

（3）加强护理，产前彻底停乳，产后灌服中药生化汤促进恶露或炎性分泌物排出。病畜隔离治疗。

2. 治　疗

（1）青霉素 160 万单位和链霉素 100 万单位，溶解后用注射器借乳导管通过乳头管注入，注射后轻轻按摩乳房 1～2 min，每天 2 次，连续 2～4 d，用药前要先挤净乳池内的乳汁和分泌物。

（2）临床型乳房炎，炎症初期可用 25%硫酸镁液冷敷，2～3 d 后改用热敷或红外线照射等，涂擦樟脑软膏或醋调复方醋酸铅散醋等药物，以促进炎症渗出物吸收，消散炎症。

（3）中药治疗：银花、连翘、蒲公英、瓜蒌各 40 g，研为末，开水冲后温服。一日一剂，连服 2～3 剂。

（4）乳房浅表脓肿，可切开排脓、冲洗、撒布消炎药等一般外科处理。深部脓肿，可穿刺排脓并配合抗生素治疗。

（5）全身症状明显时，常用抗生素如青霉素、链霉素、环丙沙星、卡那霉素和磺胺类药等。配合输液和对症疗法。

第七章　牦牛、藏系绵羊其他常见病

一、牦牛、藏系绵羊腐蹄病

腐蹄病是绵羊常见的一种高度接触性传染病。以蹄底、蹄叉腐烂、化脓、跛行为特征。

（一）病　原

腐蹄病是由多种细菌感染（结节梭形杆菌、坏死梭形杆菌、羊肢腐蚀螺旋体）引起。在治疗不当时，链球菌、葡萄球菌、大肠杆菌都可以侵入，引起严重的灾难性后果。

（二）流行特点

本病常发生于沼泽、低湿地带。细菌通过损伤的皮肤侵入机体。羊只长期处于拥挤、潮湿环境，相互践踏，都容易使蹄部受到损伤，给细菌的侵入造成有利条件。如果不及时控制，可以使羊群中50%以上的受到传染，甚至可传染给正在发育的羔羊。

（三）症状（图7-1）

患腐蹄病的牛羊食欲降低，精神不振，喜卧。初期轻度跛行，趾间皮肤充血、发炎、轻微肿胀，触诊病蹄敏感。病蹄有恶臭分泌物和坏死组织，蹄底部有小孔或大洞。用刀切削扩创，蹄底的小孔或大洞中有污黑臭水迅速流出。趾间也常能找到溃疡面，上面覆盖着恶臭物，蹄壳腐烂变形。病情严重的体温上升，甚至蹄匣脱落，还可能引起全身性败血症。

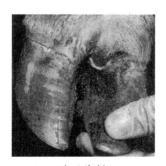

蹄叉腐烂

图7-1　牦牛、藏系绵羊腐蹄病症状

（四）防治措施

1. 预防

加强饲养管理，补充钙、磷，预防角质蹄疏松，蹄变形和不正。搞好圈舍卫生，运动场要干燥。

2. 治疗

（1）用20%硫酸锌、1%高锰酸钾、3%来苏儿或双氧水洗涤蹄部。

（2）用10%硫酸铜溶液浴蹄2~5 min，间隔1周再进行1次，效果极佳。

（3）修整蹄形，挖去蹄底腐烂组织，用5%碘酊棉球填塞患部。也可用青霉素加50 mL甘油，混合搅拌，制成乳剂，涂于腐烂创口，深部腐烂可用纱布蘸取药液填充，而后包扎。每天换药1次。

二、创 伤

（一）创伤的概念

锐性或强烈的钝性外力作用于机体，使受伤部位皮肤、黏膜甚至深部组织出现机械性损伤。

（二）创伤的结构

创伤由创缘、创口、创壁、创底和创腔五部分组成。

（三）创伤的症状

出血、伤口裂开、疼痛和机能障碍。

（四）创伤的处理

1. 创围清洁法

清洁创围的目的在于便于清创和防止再次污染创伤。用剪毛剪将创围被毛剪去，剪毛面积以距创缘周围10 cm左右为宜。用70%酒精棉球反复擦拭消毒，最后用5%碘酊消毒创围。

2. 创面清洗法

揭去覆盖创面的纱布块，用生理盐水冲洗创面后，持消毒镊子除去创面上的异物、血块或脓痂。若创伤发生化脓，则用0.1%高锰酸钾溶液和3%过氧化氢溶液冲洗。若创腔较深，可用洗创器或连有胶管的注射器自创底向外冲洗，冲洗时不能用力过猛，以防感染扩大。清洗创腔后，用灭菌纱布块轻轻地擦拭创面，以除去创内残存的液体和污物。

3. 清创手术

用外科手术的方法将创内所有的失活组织切除，除去可见的异物、血凝块，消灭创囊、凹壁、扩大创口，保证排液畅通，力求使新鲜污染创伤变为近似无菌创伤，争取创伤的Ⅰ期愈合，或缩短Ⅱ期愈合的时间。

4. 创伤用药

用药的目的是防止创伤感染，加速炎性净化，促进肉芽组织和上皮的新生。早期需要大剂量应用抗菌药物（如青霉素、链霉素等）。

5. 创伤缝合法

根据创伤情况而定。

6. 创伤引流法

当创腔深、创道长、创内有坏死组织或创底有渗出物潴留时，进行创伤引流。

7. 创伤包扎法

一般经外科处理后的新鲜创伤都要包扎。

8. 全身疗法

常用药物有抗菌素、5%碳酸氢钠溶液、10%氯化钙溶液、维生素 C 及强心利尿剂等。

下 篇　技能训练

一、结核菌素变态反应试验操作训练

（一）目的要求

掌握结核菌素变态反应试验技术要领，学会结核菌素变态反应试验的操作技术。

（二）设备材料

实验牛 2 头，酒精棉、卡尺、1 ~ 2.5 mL 注射器、针头，牛结核菌素。

（三）操作方法

1. 注射部位及术前处理

在颈侧中部靠上 1/3 处剪毛（或提前一天剃毛），3 个月以内的犊牛，也可在肩胛部进行，直径约 10 cm，用卡尺测量术部中央皮皱厚度，做好记录。如术部有变化，应另选部位或在对侧进行。

2. 注射剂量

不论牛只大小，一律皮内注射 1 万国际单位。即将牛结核菌素稀释成每毫升含 10 万国际单位后，皮内注射 0.1 mL。如用 2.5 mL 注射器，应再加等量注射用水，皮内注射 0.2 mL。冻干菌素稀释后应当天用完。

3. 注射方法

先以 75%酒精消毒术部，然后皮内注入定量的牛型提纯结核菌素，注射后局部应出现小泡。如注射有疑问，应另选 15 cm 以外的部位或对侧重做。

4. 注射次数和观察反应

皮内注射后经 72 h 判定，仔细观察局部有无热痛、肿胀等炎性反应，并以卡尺测量皮皱厚度，做好记录。对疑似反应牛立即在另一侧以同一批菌素、同一剂量进行第二次皮内注射，再经 72 h 后观察反应。如有可能，对阴性和疑似反应牛，于注射后 96 和 120 h 再分别观察一次，以防个别牛出现较晚的迟发型变态反应。用微标卡尺测量检测部位厚度。

5. 结果判定

（1）阳性反应：局部有明显的炎性反应，皮厚差等于或大于 8 mm 者，其记录符号为（ + ）。

（2）疑似反应：局部炎性反应不明显，皮厚差在 5.1 ~ 7.9 mm，其记录符号为（ ± ）。

（3）阴性反应：无炎性反应，皮厚差在 5 mm 以下，其记录符号为（ – ）。

6. 疑似牛只复检

凡判为疑似反应的牛只，于第一次检疫 30 d 后进行复检，其结果仍为可疑反应时，经 30~45 d 后再复检，如仍为疑似，应判为阳性。

二、布氏杆菌病的血清反应诊断技术训练

(一) 目的要求

学会试管凝集反应和玻板凝集反应的操作技术。

(二) 设备材料

试管架 1 个、试管 5 支、试管刷 5 个、吸管 5 支，生理盐水 1 瓶、被检血清 1 份、标准布氏杆菌抗原 1 份、石炭酸盐水 1 瓶。

(三) 操作方法

1. 试管凝集反应

（1）被检血清制作：静脉采血 5 mL，放置于常温下 1~2 h，待自然析出即可。

（2）取 5 支试管放于试管架上，排成一排，标上序号。

第一步，第一支试管加入 2.3 mL 盐水，其余各试管加入 0.5 mL 盐水。

第二步，用另一支吸管吸取 0.2 mL 被检血清，注入第一支试管，在试管中吸吹 3 次，使血清和盐水充分混合，并弃去 1.5 mL，再从第一支试管中吸取 0.5 mL，注入第二支试管中，同样方法混合均匀。再从第二支试管中吸 0.5 mL，注入第三支试管。以此类推稀释下去，第五支试管混合后，弃去 0.5 mL。

第三步，加入抗原。先将布病抗原用石炭酸盐水按 1：20 稀释。用一支吸管向每支试管加入抗原 0.5 mL，各管稀释的倍数依次为 1：25、1：50、1：100、1：200、1：400。

第四步，观察并判断结果。各试管混合均匀后，置于 37 ℃ 恒温箱中 4~10 h，取出观察并记录结果。判断标准如下：

100%菌体被凝集（＋＋＋＋）：清亮度 100%；

75%菌体被凝集（＋＋＋）：清亮度 75%；

50%菌体被凝集（＋＋）：清亮度 50%；

25%菌体被凝集（＋）：清亮度 25%；

无凝集现象（－）：清亮度 0。

绵羊的凝集效价以 1：50 "＋＋" 或更高者判定为阳性，1：25 "＋＋" 判定为疑似。牦牛以 1：100 "＋＋" 或更高者判定为阳性，1：50 "＋＋" 判定为疑似。判定为疑似的牛羊，半个月后再重检一次，重检为疑似的，判定为阳性。

2. 玻板凝集反应

在一块洁净的玻板上用蜡笔划成方格或凹玻板。

第一步，加被检血清。用吸管在 1~4 四个方格中分别滴加 0.08 mL、0.04 mL、0.02 mL、0.01 mL 被检血清。

第二步，加玻板抗原。每格加 0.03 mL 抗原，用牙签从第四格开始搅拌均匀。第三格、第二格、第一格，每份血清用 1 支牙签。

第三步，置于 37 ℃ 恒温箱中 5~8 min，取出观察并记录结果。判断标准如下：

100%菌体被凝集（＋＋＋＋）：清亮度 100%；

75%菌体被凝集（＋＋＋）：清亮度 75%；

50%菌体被凝集（＋＋）：清亮度 50%；

25%菌体被凝集（＋）：清亮度 25%；

无凝集现象（－）：清亮度 0。

玻板凝集反应 0.08 mL 的血清相当于试管凝集反应 1：25，0.04 mL 的血清相当于试管凝集反应 1：50，0.02 mL 的血清相当于试管凝集反应 1：100，0.01 mL 的血清相当于试管凝集反应 1：200。其判定结果与试管凝集反应相同。

（四）填写检疫通知单。

按照规范格式，将试验结果填在检疫通知单上。

（五）实验结束

清洗试管和吸管。

三、免疫接种技术训练

（一）目的要求

掌握牛羊传染病免疫接种的方法和接种程序。

（二）设备材料

羊 2 只，20 mL 注射器 2 具、针头 1 盒、镊子 2 把，5%消毒碘酒 1 瓶、生理盐水 1 瓶。

（三）操作方法

（1）保定羊，颈侧壁剪毛，消毒。

（2）摇匀菌苗瓶中的菌苗，用注射器抽取菌苗，在瓶中排净空气，按每只羊 1 mL 固定好刻度（学生实习过程可用生理盐水代替）。

（3）术者右手持注射器，左手捏住注射部位皮肤，轻轻提起，将针头平行刺入皮下，注射菌苗，放开左手。

（4）做好记录。

（四）注意事项

（1）被接种动物必须健康，对妊娠前后期、感冒、腹泻的动物缓期接种。

（2）检查菌苗是否在有效期，仔细阅读说明书。

（3）接种器械必须消毒，注射一次更换一个针头。

（4）注射完后空瓶不能随意丢弃，要集中处理。

（5）当天稀释没用完的菌苗，第二天不能再使用。

四、牛羊常见寄生虫虫体、虫卵的识别

（一）目的要求

认识牛羊寄生虫虫卵和虫体。

（二）设备材料

牛羊寄生虫虫体标本，显微镜。

（三）操作方法

分组观察。

五、寄生虫病的粪便检查法

（一）目的要求

掌握粪便沉淀法和饱和盐水漂浮法的操作程序和操作方法。

（二）设备材料

新鲜粪便，烧杯、玻璃棒、滤粪筛、试管架、玻璃漏斗、显微镜、电动离心机、水桶、吸管、载玻片、盖玻片。

（三）操作方法

1. 沉淀法

取被检新鲜粪便 5～10 g，放入烧杯中，加少量的清水搅拌均匀，再加 10～20 倍清

水，搅拌均匀，用滤粪筛滤入另一容器内，静置 5 ~ 10 min，倒去上清液，将滤过液加入离心管中离心后，倾去上层液，用吸管吸取沉渣，放在载玻片上镜检。

2. 漂浮法

（1）饱和盐水制作：取 380 g 食盐，加入 1 000 mL 沸水中，充分搅拌，备用。

（2）取被检新鲜粪便 5 ~ 10 g，放入烧杯中，加少量的饱和盐水搅拌均匀。再加 20 倍盐水，搅拌均匀，用滤粪筛滤入另一容器内，然后将滤过液倒满试管架上的试管，用盖玻片盖上，静置 20 ~ 30 min，取下盖玻片放在载玻片上镜检。

六、难产的救助技术训练（有病例）

（一）目的要求

认识产科器械，知道每种产科器械的使用方法，基本懂得难产的助产方法和原则。

（二）设备材料

产科器械一套，新洁尔灭 1 瓶、石蜡油 1 瓶、水 1 桶。

（三）操作方法

（1）教师先给学生介绍产科器械，检查病畜，确定难产的异常部位，给学生讲解助产的方法和步骤，然后由教师助产操作，边操作边给学生讲解。

（2）教师指定 2 ~ 3 人为助手参加助产，其他学生原地观看。

七、瘤胃、瓣胃穿刺术训练

（一）目的要求

学会运用瘤胃、瓣胃穿刺术治疗瘤胃和瓣胃疾病。

（二）设备材料

羊 5 只，剪毛剪、套管针、乳导管、打气筒、注射器，生理盐水、硫酸钠、水 1 桶。

（三）操作方法

1. 教师示范操作

教师先示范瘤胃、瓣胃的穿刺操作技术，边操作边给学生讲解。

2. 学生分组操作

（1）瘤胃放气。

人工瘤胃臌气。

瘤胃穿刺放气：间歇性放气。

瓣胃注射：按学过的瓣胃穿刺术操作，先判断再注射药物。

总复习题

一、填空题

1. 口蹄疫是由_____引起的偶蹄动物的一种急性、热性、高度接触性传染病。

2. 口蹄病的易感动物为_____、_____和_____。

3. 口蹄疫的剖检病变中，心肌的白色、淡黄色斑点或条纹，俗称_____。

4. 牛病毒性腹泻剖检特征性病变为_____。

5. 布氏杆菌病的特征为_____、_____和_____。

6. 结核病在《中华人民共和国动物防疫法》中被列为_____类传染病。

7. 结核病剖检的特征性病变为_____。

8. 羊梭菌性疾病有_____、_____、_____、_____和

_____。

9. 剖检羊肠毒血症，其肾的病变为_____。

10. 实验室诊断牛出败的依据是巴氏杆菌染色为_____菌。

11. 炭疽病的特征是_____，_____，_____，_____。

12. 预防破伤风的药物是_____。

13. 治疗破伤风的方法有_____，_____，_____，_____。

14. 牛羊传染性胸膜肺炎是由_____引起的一种高度接触性传染性疾病。

15. 牛羊传染性胸膜肺炎以_____和_____为特征。

16. 牛放线菌病以_____肿为特征。

17. 小反刍疫在《中华人民共和国动物防疫法》中被列为_____类传染病。

18. 小反刍兽疫以_____、_____、_____和_____为特征。

19. 牦牛副伤寒以_____和_____为特征。

20. 按寄生的部位，寄生虫分为_____、_____。

21. 宿主可分为_____、_____、_____、_____。

22. 焦虫病是一种_____病。

23. 肝片吸虫寄生在牛羊的_____中。

24. 肝片吸虫的中间宿主是_____。

25. 焦虫的中间宿主是_____。

26. 前后盘吸虫的成虫寄生于_____和_____壁上。

27. 绦虫的中间宿主是_____。

28. 棘球蚴的成虫为_____。

29. 棘球蚴的中间宿主是_____，终末宿主是_____。

30. 肺丝虫病临床上以_____、_____和_____为特征。

31. 螨虫病以_____、_____和_____为特征。

32. 牛皮蝇蛆寄生在牛的_____。

33. 羊鼻蝇蛆寄生在羊的_____。

34. 维生素 A 缺乏症以_____、_____、_____为特征。

35. 佝偻病以_____、_____、_____、_____和_____
为特征。

36. 白肌病是由_____缺乏引起的并发症。

37. 牧草痉挛症是由_____缺乏引起的并发症。

38. 中毒性疾病分为_____、_____、_____、_____、
_____、_____。

39. 中毒病的诊断方法包括_____、_____、_____、_____、_____。

40. 中毒病的抢救原则包括_____、_____、_____、_____、_____。

41. 中毒病的一般抢救措施包括_____、_____、_____、_____。

42. 前胃弛缓以_____，_____，_____为特征。

43. 瘤胃积食以_____、_____、_____、_____为特征。

44. 瘤胃臌气以_____、_____、_____和_____为特征。

45. 瓣胃阻塞以_____、_____为特征。

46. 感冒以_____、_____和_____为特征。

47. 支气管肺炎以_____、_____、_____为特征。

48. 胎向包括_____、_____和_____。

49. 胎位包括_____、_____和_____。

50. 难产的原因包括_____、_____。

51. 牛胎衣正常排出时间为_____。

52. 产后瘫痪以_____、_____、_____、_____为特征。

53. 子宫内膜炎以_____、_____、_____和_____为特征。

54. 乳房炎以_____、_____、_____和_____为特征。

55. 子宫脱出以_____和_____为特征。

二、选择题

1. 下列对口蹄疫病毒抵抗力的叙述中，正确的说法应该是（   ）。

A. 对低温敏感，于 – 5 ℃ 能很快死亡

B. 对高温和低温都敏感

C. 对高温敏感，于 85 ℃ 能很快灭活

D. 对高温和低温都不敏感

2. 用氢氧化钠对口蹄疫病环境消毒，配制浓度为（   ）。

A. 30%   B. 20%   C. 3% ~ 5%   D. 10%

3. 口蹄疫发病最多的季节为（   ）。

A. 夏季   B. 冬春季   C. 秋季   D. 四季均一样

4. 口蹄疫病牛的分泌物和排泄物中以（   ）的传染性最强。

A. 粪便   B. 尿

C. 水泡皮和水泡液   D. 唾液

5. 结核杆菌对外界环境的抵抗力很强，在干燥痰中能存活（   ）。

A. 1 个月   B. 2 个月   C. 5 个月   D. 10 个月

6. 结核病最主要的传染源是（   ）。

A. 病畜   B. 病畜的分泌物

C. 可疑结核牛   D. 隐性结核牛

7. 口蹄疫是由（   ）引起的偶蹄动物的一种急性、热性、高度接触性传染病。

A. 链球菌   B. 大肠杆菌

C. 口蹄疫病毒   D. 葡萄球菌

8. 口蹄疫病最具诊断价值的病理变化是（   ）。

A. 口炎   B. 虎斑心   C. 心包炎   D. 心肌炎

9. 四川省阿坝州口蹄疫病的病原是（   ）。

A. A 型   B. O 型   C. A、O 型   D. 亚洲 1 型

10. 口蹄疫病特征性症状是（   ）。

A. 口腔黏膜、蹄等处出现水泡和烂斑

B. 眼黏膜、蹄等处出现水泡和烂斑

C. 鼻腔黏膜、蹄等处出现水泡和烂斑

D. 口腔黏膜、皮肤等处出现水泡和烂斑

11. 在《中华人民共和国动物防疫法》中，口蹄疫是（   ）类传染病。

A. 三   B. 二   C. 一   D. 都不是

12. 扑灭口蹄疫按（   ）的原则立即上报，封锁疫区，尽快扑灭疫情。

A. 早   B. 快

C. 小   D. 早、快、严、小

13. 以母畜流产、不育和公畜睾丸炎为特征的疾病是（　　）。

　　A. 布氏杆菌病　　　　　　　　　B. 牛病毒性腹泻

　　C. 结核病　　　　　　　　　　　D. 炭疽病

14. 预防布氏杆菌病的药物是（　　）。

　　A. 口蹄疫疫苗　　　　　　　　　B. 青霉素

　　C. 布氏杆菌疫苗　　　　　　　　D. 黄芪多糖

15. 布氏杆菌病主要危害（　　）。

　　A. 运动系统　　　　　　　　　　B. 消化系统

　　C. 生殖系统　　　　　　　　　　D. 呼吸系统

16. 在《中华人民共和国动物防疫法》中，布氏杆菌病是（　　）类传染病。

　　A. 三　　　　　　B. 二　　　　　　C. 一　　　　　　　D. 都不是

17. 结核病在《中华人民共和国动物防疫法》中被列为（　　）类传染病。

　　A. 一类　　　　　　B. 二类　　　　　　C. 三类　　　　　　D. 其他

18. 以渐进性消瘦、在组织器官内形成结核结节为特征的是（　　）。

　　A. 布氏杆菌病　　　　　　　　　B. 牛病毒性腹泻

　　C. 结核病　　　　　　　　　　　D. 炭疽病

19. 螨虫病危害最严重的宿主为（　　）。

　　A. 水牛　　　　　　B. 山羊　　　　　　C. 绵羊　　　　　　D. 黄牛

20. 结核病最准确的诊断方法是（　　）。

　　A. 问诊　　　　　　　　　　　　B. 视诊

　　C. 结核菌素变态反应　　　　　　D. 其他

21. 确诊为结核病的家畜最佳处理方法是（　　）。

　　A. 扑杀　　　　　　B. 治疗　　　　　　C. 不予处理

22. 治疗结核病的药物是（　　）。

　　A. 青霉素　　　　　　　　　　　B. 链霉素

　　C. 磺胺　　　　　　　　　　　　D. 黄芪多糖

23. 以羔羊严重腹泻，粪便开始为糊状，很快变为水样，恶臭为特征的是（　　）。

　　A. 放线菌病　　　　　　　　　　B. 牛病毒性腹泻

　　C. 结核病　　　　　　　　　　　D. 羔羊痢疾

24. 剖检时肾软化如泥为特征的是（　　）病。

　　A. 放线菌病　　　　　　　　　　B. 牛病毒性腹泻

　　C. 羊肠毒血症　　　　　　　　　D. 羔羊痢疾

25. 预防羊梭菌性病的药物是（　　）。

　　A. 快疫病菌苗　　　　　　　　　B. 羊五联苗

　　C. 羊肠毒血症菌苗　　　　　　　D. 羔羊痢疾菌苗

26. 预防破伤风的药物是（　　　）。
　　A. 破伤风抗毒素　　　　　　　B. 破伤风类毒素
　　C. 青霉素　　　　　　　　　　D. 10%碘酒

27. 破伤风的常见姿势是（　　　）。
　　A. 全身僵硬　　　B. 异常站立　　　C. 骚动不安　　　D. 异常躺卧

28. 以死后天然孔出血、血凝不良、尸体迅速腐败为特征的病是（　　　）。
　　A. 炭疽病　　　B. 羊痘　　　　C. 羊瘟　　　　D. 羊痒病

29. 治疗炭疽病的首选药物是（　　　）。
　　A. 酵母片　　　B. 青霉素　　　C. 链霉素　　　D. 敌百虫

30. 炭疽病在《中华人民共和国动物防疫法》中被列为（　　　）传染病。
　　A. 一类　　　B. 二类　　　C. 三类　　　D. 其他

31. 牛的巴氏杆菌病又称（　　　）。
　　A. 牛出败　　　B. 牛肺疫　　　C. 炭疽病　　　D. 其他

32. 破伤风杆菌属于（　　　）。
　　A. 需氧菌　　　B. 兼性厌氧菌　　　C. 厌氧菌　　　D. 其他

33. 牛皮蝇蛆寄生在牛的（　　　）。
　　A. 肌肉深部　　　　　　　　　B. 四肢内侧
　　C. 鼻腔　　　　　　　　　　　D. 背部皮下组织内

34. 治疗破伤风杆菌病首选的抗菌素是（　　　）。
　　A. 青霉素　　　B. 链霉素　　　C. 破伤风抗毒素　　　D. 10%碘酒

35. 寄生虫幼虫寄生的宿主称（　　　）。
　　A. 终末宿主　　　B. 中间宿主　　　C. 贮藏宿主　　　D. 带虫宿主

36. 寄生在宿主皮肤内的寄生虫称（　　　）。
　　A. 内寄生虫　　　　　　　　　B. 外寄生虫
　　C. 永久性寄生虫　　　　　　　D. 暂时性寄生虫

37. 寄生虫感染宿主最主要的途径是（　　　）。
　　A. 经口感染　　　　　　　　　B. 经皮肤感染
　　C. 经黏膜感染　　　　　　　　D. 经胎盘感染

38. 肝片吸虫的卵呈（　　　）。
　　A. 三角形　　　B. 长方形　　　C. 卵圆形　　　D. 柳叶状

39. 绦虫寄生在宿主的（　　　）。
　　A. 消化管　　　B. 消化腺　　　C. 血液内　　　D. 横纹肌

40. 下列对肺丝虫对外环境的适应性的叙述中，正确的说法是（　　　）。
　　A. 耐高温　　　　　　　　　　B. 耐低温
　　C. 既耐高温又耐低温　　　　　D. 对高温、低温都不耐

41. 羊痘在《中华人民共和国动物防疫法》中被列为（　　　）传染病。

    A. 一类　　　　　　B. 二类　　　　　　C. 三类　　　　　　D. 其他

42. 牛传染性胸膜肺炎在《中华人民共和国动物防疫法》中被列为（　　　）传染病。

    A. 一类　　　　　　B. 二类　　　　　　C. 三类　　　　　　D. 其他

43. 小反刍兽疫在《中华人民共和国动物防疫法》中被列为（　　　）传染病。

    A. 一类　　　　　　B. 二类　　　　　　C. 三类　　　　　　D. 其他

44. 犊牛副伤寒是由（　　　）引起的一种犊牛传染病。

    A. 巴氏杆菌　　　B. 沙门氏杆菌　　　C. 炭疽杆菌　　　　D. 支原体

45. 小反刍兽疫预防接种常用的疫苗是（　　　）。

    A. 羊五联苗　　　　　　　　　　　B. 三联四防苗

    C. 炭疽杆菌芽孢苗　　　　　　　　D. 肺炎支原体苗

46. 前后盘吸虫病是由前后盘吸虫寄生在牛羊的（　　　）而引起的一类吸虫病。

    A. 瘤胃　　　　　　B. 小肠　　　　　　C. 胃和小肠　　　　D. 肝

47. 包虫病是由细粒棘球绦虫的幼虫寄生在牛、羊、人的（　　　）内引起的一种人畜共患寄生虫病。

    A. 胃和小肠　　　B. 心和肺　　　　　C. 肺和肝　　　　　D. 肝和小肠

48. 脑多头蚴是寄生在牛羊（　　　）内引起的一种寄生虫病。

    A. 内脏　　　　　　B. 肠道　　　　　　C. 肌肉　　　　　　D. 脑

49. 分娩时胎势异常最好用（　　　）救助。

    A. 注射催产素　　　　　　　　　　B. 人工矫正后拉出胎儿

    C. 等待自产出　　　　　　　　　　D. 内服泻药

50. 治疗牧草痉挛选择的药物是　　　　（　　　）。

    A. 硫酸铜　　　　　B. 硫酸钠　　　　　C. 硫酸镁　　　　　D. 硫酸钾

51. 有毒牧草中毒常选用的解毒药是（　　　）。

    A. 美兰　　　　　　B. 维生素 C　　　　C. 青霉素　　　　　D. 阿托品

52. 预防酒糟中毒选用的药物有（　　　）。

    A. 青霉素　　　　　　　　　　　　B. 碳酸氢钠

    C. 5%~10%氯化钙　　　　　　　　D. 氯化胺

53. 母牛产后瘫痪的治疗措施中，合理的是（　　　）。

    A. 乳房送风疗法　　　　　　　　　B. 肌肉注射的士宁

    C. 口服酵母粉　　　　　　　　　　D. 静脉注射水杨酸钠

54. 佝偻病以（　　　）多发。

    A. 羔羊和犊牛　　　　　　　　　　B. 壮年牛羊

    C. 老年牛羊　　　　　　　　　　　D. 不论年龄

55. 家畜饲料中钙、磷的适当比例为（　　　　）。

    A. 2：1　　　　　B. 5：1　　　　　C. 10：1　　　　　D. 20：1

56. 一般所说的中毒是指（　　　　）。

    A. 肠毒血症　　　　　　　　　　B. 自体中毒

    C. 外源性中毒　　　　　　　　　D. 酮血病

57. 中毒病的现场调查指（　　　　）。

    A. 询问病史　　　　　　　　　　B. 系统检查

    C. 三大指标测定　　　　　　　　D. 对发病现场的环境调查

58. 脱离毒源是指（　　　　）。

    A. 把病畜转移开现场　　　　　　B. 排出病畜体内的毒物

    C. 消除病畜体外毒物　　　　　　D. 管理人员离开现场

59. 中毒性疾病在剖检时采集的病料主要是（　　　　）。

    A. 血液　　　　　B. 肾　　　　　C. 胃内容物　　　　　D. 肝

60. 有机磷中毒的特异解毒药是（　　　　）。

    A. 葡萄糖　　　　　　　　　　　B. 阿托品、解磷定

    C. 维生素 C　　　　　　　　　　D. 高锰酸钾

61. 治疗牛羊前胃弛缓首先选用的瘤胃兴奋药物是（　　　　）。

    A. 青霉素　　　　　B. 磺胺　　　　　C. 新斯的明　　　　　D. 土霉素

62. 患瘤胃臌气病的牛，叩诊瘤胃时呈（　　　　）。

    A. 实音　　　　　B. 鼓音　　　　　C. 清音　　　　　D. 吹笛音

63. 难产的母畜检查主要是（　　　　）。

    A. 检查胎儿死活　　　　　　　　B. 对母畜进行全身检查

    C. 检查胎儿的大小　　　　　　　D. 检查胎向、胎位、胎势是否正常

64. 引起乳房炎的主要病原菌为（　　　　）。

    A. 大肠杆菌　　　　　　　　　　B. 沙门氏菌

    C. 链球菌　　　　　　　　　　　D. 绿脓杆菌

65. 治疗感冒的首选药物是（　　　　）。

    A. 抗生素　　　　　　　　　　　B. 止咳药

    C. 维生素　　　　　　　　　　　D. 解热药

66. 给瘤胃臌气病放气时，不可一次放空，以免引起　（　　　　）。

    A. 暂时性脑贫血　　　　　　　　B. 咳嗽

    C. 腹泻　　　　　　　　　　　　D. 体温升高

67. 治疗瘤胃臌气常用的药物有（　　　　）。

    A. 松节油　　　　　　　　　　　B. 敌百虫

    C. 维生素　　　　　　　　　　　D. 解热药

三、判断题

1. 口蹄疫是由口蹄疫病毒引起牛羊马的一种急性、热性、败血性传染病。（　　　）

2. 口蹄疫以腹泻为特征。（　　　）

3. 布氏杆菌革兰氏染色呈阳性。（　　　）

4. 羊肠毒血症，剖检整个肠壁呈黑红色。（　　　）

5. 牛肺疫是由丝状霉形体引起的一种接触性传染病，特征是肺部炎症和胸膜炎。
（　　　）

6. 绵羊痘病是由细菌引起的一种高度接触性传染病。（　　　）

7. 羊猝疽是由 C 型魏氏梭菌引起的一种毒血症。（　　　）

8. 患炭疽病死亡家畜的肉可以食用。（　　　）

9. 巴氏杆菌病引起牛的传染性胸膜肺炎。（　　　）

10. 破伤风的感染途径为消化道。（　　　）

11. 肝片吸虫的成虫寄生在锥实螺内。（　　　）

12. 肺丝虫病以咳嗽、流黏液脓性鼻液、消瘦为特征。（　　　）

13. 牛皮蝇的三期幼虫为成熟幼虫，体粗壮。（　　　）

14. 羊鼻蝇的成蝇在羊的背毛上产出幼虫。（　　　）

15. 寄生虫有适宜的感染途径，在宿主体内有较长的生长寿命，寄生虫病流行的可能性就大；否则，流行的可能性就小。（　　　）

16. 饲料中钙、磷缺乏或比例不当是引起母畜产后瘫痪的主要原因之一。（　　　）

17. 处理创伤时只要消毒即可。（　　　）

18. 胎向是指胎儿体纵轴与母体纵轴的关系，包括纵胎向、横胎向和侧胎向。（　　　）

19. 创伤是外力作用于机体造成的损伤。（　　　）

20. 胎位是指胎儿体纵轴与母体纵轴的关系，包括纵胎位、横胎位、侧胎位。（　　　）

21. 在难产救助中，胎儿检查确定胎势不正时，不能注射催产素。（　　　）

22. 治疗前后盘吸虫常用左旋咪唑。（　　　）

23. 治疗前胃弛缓，首先要禁食 10～15 d，给予清洁饮水。（　　　）

24. 瓣胃阻塞的治疗原则为通便，增强前胃运动机能。（　　　）

25. 感冒的主要原因是气候突变，气温过高而闷热。（　　　）

26. 在中毒病的一般诊断中，病史调查是指对发病现场的调查。（　　　）

27. 特异解毒是对已被确定毒物引起的中毒病，根据毒物的理化性质，应用特异解毒药进行解毒。（　　　）

四、简答题

1. 2016 年 2 月，某牛场的牛发病，以蹄部水疱为特征，体温升高，全身症状明显，蹄冠、蹄叉、蹄踵发红，形成水疱和溃烂，有继发感染时，蹄壳脱落；病牛跛行，喜卧；犊牛因肠炎和心肌炎死亡。请做出诊断，这是什么病？该如何处理？

2. 传染性胸膜肺炎的诊断和治疗方法是什么。

3. 怎样区别前胃弛缓、瘤胃积食、瘤胃膨气、瓣胃阻塞？

4. 难产怎么救助？

五、多选题

1. 传染病的扑灭措施有（　　　）。

    A. 查明和消灭传染来源　　　　　　B. 消毒

    C. 切断传播途径　　　　　　　　　D. 提高机体抵抗力

2. 寄生虫虫卵检查的方法有（　　　）。

    A. 直接涂片　　　　　　　　　　　B. 沉淀法

    C. 肉眼检查　　　　　　　　　　　D. 加热检查

3. 寄生虫病的综合防治措施有（　　　）。

    A. 预防性驱虫　　　　　　　　　　B. 治疗性驱虫

    C. 药浴　　　　　　　　　　　　　D. 外环境除虫

4. 结核病分为（　　　）。

    A. 牛型　　　　　　　　　　　　　B. 禽型

    C. 猪型　　　　　　　　　　　　　D. 人型

5. 病牛表现的一般症状有（　　　）。

    A. 鼻镜干燥　　　　　　　　　　　B. 反刍少

    C. 食欲好　　　　　　　　　　　　D. 精神沉郁

6. 口腔黏膜出现水泡的常见病有（　　　）。

    A. 口蹄疫   B. 口炎

    C. 传染性水疱病   D. 咽炎

7. 对口蹄疫的特征性症状，下列叙述正确的是（　　　）。

    A. 鼻镜干燥   B. 蹄叉腐烂

    C. 乳房肿大   D. 口腔黏膜发生水泡

8. 布氏杆菌病的临床症状是（　　　）。

    A. 母畜流产   B. 母畜不育

    C. 母畜阴道炎   D. 公畜睾丸炎

9. 炭疽是人畜共患传染病，其特征有（　　　）。

    A. 死后天然孔出血   B. 尸僵不全

    C. 血液呈煤焦油样   D. 神经症状

10. 羊痘以（　　　）为特征。

    A. 皮肤和黏膜发生脓疱   B. 痂皮

    C. 咳嗽   D. 剧痒

11. 治疗传染性胸膜肺炎可选用的药物有（　　　）。

    A. 青霉素   B. 氟苯尼考

    C. 泰乐菌素   D. 新胂凡纳明

12. 小反刍兽疫是由小反刍兽疫病毒引起的一种急性接触性传染病。以（　　　）为特征。

    A. 发热   B. 口腔糜烂

    C. 腹泻   D. 肺炎

13. 牦牛副伤寒主要是由都柏林沙门氏菌和鼠伤寒沙门氏菌引起的一种犊牛传染病。以（　　　）为特征。

    A. 败血症   B. 肺炎

    C. 胃肠炎   D. 高热

14. 脑包虫病又称脑多头蚴病，是由多头绦虫的幼虫寄生于牦牛、绵羊的脑部引起的一种寄生虫病。以（　　　）为特征。

    A. 转圈   B. 后退

    C. 腹泻   D. 前冲

15. 绦虫病是由绦虫寄生于牦牛、绵羊、人小肠内引起的一种人畜共患寄生虫病。以（　　　）为特征。

    A. 渐进性消瘦，衰弱   B. 腹泻

    C. 生长缓慢   D. 神经机能紊乱

16. 瓣胃阻塞的诊断正确的是（　　　）。

    A. 鼻镜干裂
            B. 粪便干硬

    C. 腹围增大
            D. 触诊瓣胃敏感

17. 乳房炎的特征是（　　　）。

    A. 乳房肿大、疼痛
            B. 泌乳减少

    C. 体温无明显变化
            D. 由病原菌引起

18. 有排粪排尿姿势，但无任何排出物的是（　　　）。

    A. 尿道结石
            B. 子宫脱出

    C. 胎衣完全不下
            D. 便秘

19. 牛羊左侧腹围增大的疾病是（　　　）。

    A. 瘤胃积食
            B. 瘤胃臌气

    C. 胃肠炎
            D. 消化不良

20. 中毒病的抢救原则有（　　　）。

    A. 脱离毒源
            B. 排出毒物

    C. 特异解毒
            D. 一般抢救措施

21. 破伤风的治疗方法有（　　　）。

    A. 创伤处理
            B. 中和毒素

    C. 封闭治疗
            D. 对症治疗

22. 预防乳房炎是乳牛管理中非常重要的部分，需要进行乳房按摩、（　　　）。

    A. 初孕的中后期热敷
            B. 干乳期预防

    C. 挤奶前热敷
            D. 挤奶后热敷

23. 子宫脱出常用的治疗方法有（　　　）。

    A. 清洗
             B. 整复

    C. 固定
             D. 消毒

24. 传染病的防治措施有（　　　）。

    A. 预防措施
            B. 扑灭措施

    C. 消毒措施
            D. 治疗措施

25. 难产的救助方法有（　　　）。

    A. 胎儿拉出术
            B. 胎儿矫正术

    C. 截胎术
            D. 剖腹产术

主要参考书目

[1] 孙颖士. 牛羊病防治[M]. 2 版. 北京：高等教育出版社，2010.

[2] 高作信. 兽医学[M]. 3 版. 北京：中国农业出版社，2001.

[3] 李世林，罗光荣，严扎甲. 牦牛养殖[M]. 成都：四川民族出版社，2019.